NATURAL
OBSERVATION
NOTES

自然察
观察笔记

Plants

植 / 物 / 篇

蒋厚泉　陈银洁　主编

中国林业出版社
·北京·

图书在版编目（CIP）数据

自然观察笔记. 植物篇 / 蒋厚泉, 陈银洁主编. -- 北京 : 中国林业出版社, 2023.6
（2024.5重印）

ISBN 978-7-5219-2232-5

Ⅰ. ①自… Ⅱ. ①蒋… ②陈… Ⅲ. ①自然科学－普及读物②植物－普及读物
Ⅳ. ①N49②Q94-49

中国国家版本馆CIP数据核字（2023）第125193号

策划编辑：盛春玲
责任编辑：孙 瑶 邹 爱
封面设计：北京美光设计制版有限公司

出版发行：中国林业出版社（100009 北京市西城区德内大街刘海胡同7号）
电 话：（010）83143571
制 版：北京美光设计制版有限公司
印 刷：河北京平诚乾印刷有限公司
版 次：2023年6月第1版
印 次：2024年5月第2次印刷
开 本：889mm×1194mm 1/32
印 张：6.5
字 数：180千字
定 价：66.00元

序 *Foreword*

　　受蒋厚泉先生之约，为《自然观察笔记·植物篇》写序，我颇感兴趣；看过书稿后，更是觉得内容引人入胜。本书凝聚了中国科学院华南植物园科普教育团队的智慧，同时也收集了在华南植物园举办自然观察科普教育活动而积累的动植物素材，内容生动而实用。

　　华南植物园是我国三大植物园之一，早在 1999 年，即成为首批"全国科普教育基地"，开辟广州地区第一条"自然教育径"，启动华南地区第一个青少年科学互动实验室。华南植物园有一群从事植物学、生态学等研究的专业人员，也有一群热衷科普教育的老师。他们潜心钻研、不断创新，为植物学教育和科普事业作出贡献。

　　每年，华南植物园针对不同人群开展的科普教育活动内容丰富，场次较多。植物科普导赏的场次在所有开展的教育活动中占比较大；观鸟教育课程和夜观教育课程每年保持在一个相对稳定的状态。近几年，华南植物园科普教育更趋系统化，开展了多个系列的自然观察活动，并逐步构建和

观察不同的种子（华南植物园供图）

观察温室植物（华南植物园供图）

观察大莪术的生长繁殖（华南植物园供图）

实施了富有植物园特色的教育课程体系、科学互动实验项目和未来科学家培训项目，现已开发了压花艺术系列、植物学系列、自然课堂系列、自然观察系列、博物学系列等5个系列的科普教育课程。

《自然观察笔记·植物篇》是基于华南植物园多年科普教育课程而编写的，凝聚着科普教育团队的辛勤付出。本书用独特的视角展现动物和植物的生存智慧，通过自然观察，使读者与动植物们深情"对话"。徜徉书中，常常感动于大自然的神奇与美好，体悟生命的哲理。书中精美的照片时常让人惊叹不已。生动、有趣又富有哲理的故事，引人入胜，不仅向孩子们普及了知识，更能引导孩子们展开一场生动的探究之旅，启迪他们学会思考。

《自然观察笔记·植物篇》可以很好地引导孩子们走进自然，学会观察与发现。不管是家长带着孩子，还是老师带着学生，此书都是大家自然观察的好助手。带上这本书，一起掀开认识自然、了解自然的新篇章吧。

中国科学院院士

前言 *Preface*

自然是最好的老师。

很多人觉得自然观察似乎离自己很遥远，对大自然里生活的野生动植物有莫名的恐惧，例如蛇、蜘蛛、蜈蚣等动物，以及各种看起来似乎有毒的植物。其实，只要你愿意去了解，大自然就在我们身边，你会发现身边的动植物就非常有趣。每种生物都有它们独特的生存智慧和生长秘密。了解它们，你将受益无穷。

笔者在华南植物园工作和生活的8年时间里，与数不胜数的动植物为伴，曾经带领着无数的孩子和家长穿梭在这植物王国中，细心观察、用心体会，收获每一次的惊奇和新发现，获益良多。

在宁静而茂密的竹海中，在铺满阳光和金黄落叶的小叶榄仁路上，在深邃悠远的湖面，在萤火虫星星点点的林间夜路，我感受到身心的治愈、感受到心绪的平和宁静、感受到胸怀的宽广、感受到生命世界的无垠。在博大的自然面前，在拼尽全力求生存的植物面前，那些来自学习、生活、工作中的挫折和挑战，又算得了什么呢。

　　笔者希望把这份来自大自然的馈赠分享给更多的成人和孩子，希望通过《自然观察笔记·植物篇》一个个植物生长的故事，让更多生活在城市中的孩子和成人们对身边的植物有更多的认识和感知。

　　在本书中，笔者力图呈现每一种植物最引人注目的特征。如果其中的某些片段能引起你的关注，勾起你的回忆，引领你去深入地观察和了解，甚至带领你到宽广的大自然中学习、度过一些时光，那笔者将深感欣慰。

　　自然其实不远，它就在植物园中、在公园绿地与水池中、在行道树上、在街道拐角、在学校校园、在溪流河边、在农田菜园、在郊野步道、在家中阳台……以自然为师，带着一颗平和的心，去观察、去发现平凡每一天中的不平凡……

陈银洁

目录 *Contents*

季节韵律

生存之道

众园寻芳

品读植物

四时之景不同　而乐亦无穷也

季节韵律

花事倾城

春

羊城的春天，到来得比全国大部分地方都要早。从早春二月起，南海上的暖湿气流就开始大举北上，将南粤大地变得潮湿多雨，雾气氤氲。此后的一两个月里，这股暖湿气流将会与北方南下的冷空气在岭南展开旷日持久的拉锯战，它们的每一次交锋都意味着一场雨水的降临。而园中的各种植物都在春雨的滋养下苏醒、生长、旧貌换新颜。万紫千红的春天，是这座园子最美丽的季节。

木兰家族

岭南早春的寒潮还未完全结束，华南植物园木兰园山坡上成片种植的各种玉兰就已经迫不及待地集中开放了。它们之中包括紫玉兰、望春玉兰、黄山玉兰、柳叶玉兰、星花玉兰等原生种，以及二乔玉兰、飞黄玉兰等杂交种与栽培变种。这些美丽的树木通常树姿挺拔，硕大的花朵绽放在枝条的顶端，吐露出馥郁的芳香，堪称是植物园早春第一道亮丽的风景。

紫玉兰

黄山玉兰

星花玉兰

星花玉兰

柳叶玉兰

朱砂二乔玉兰

飞黄玉兰

喜鹊登枝杜鹃　　　　　　花浪十号杜鹃　　　　　　世纪曙光杜鹃

花中西施

　　有"花中西施"美誉的杜鹃花，是阳春时节植物园里的又一道美丽风景。杜鹃花属植物大部分"身材"不高，枝叶浓密，开花时花团锦簇的模样煞是喜人。华南植物园内的许多地方都可以见到杜鹃花的身影，以杜鹃园、正门内广场湖边与中心大草坪东侧种植较多。杜鹃园的大片杜鹃从开阔的草坪一直延伸到浓荫的林下，盛开时如同一片花的海洋，在烟雨蒙蒙的日子里更是如同仙境一般，是许多游客最为钟爱的留影地点。

羊踯躅

白香玉杜鹃

雪晴杜鹃　　　　　　珊瑚五号杜鹃　　　　　　雨打桃花杜鹃

洋紫荆

Bauhinia variegata

　　樟树路彩虹桥头的洋紫荆，有粉、白两个品种，开花时枝头的叶子寥寥无几，繁花似锦，一片烂漫，如同一条彩色的丝巾落在风景如画的湖岸边，在湖水中又投下美丽的倒影，与横越水面的彩虹桥一起构成一幅令人陶醉的风景画。温馨淡雅的花香更是令人心醉。

白花洋紫荆

白花油麻藤
Mucuna birdwoodiana

　　白花油麻藤俗称禾雀花，是一种体型十分巨大的攀缘藤本。粗壮蜿蜒的藤蔓长达数十米，每年春季会从老茎上长出一串串繁花。它的花朵形状十分特别，披着褐色茸毛的花萼好像雀鸟可爱的小脑袋，旗瓣如展开的翅膀，而翼瓣与龙骨瓣则像是翘起的小尾巴，整朵花仿佛一只由碧玉精雕细琢而成的鸟儿，玲珑可爱，巧夺天工，令人不禁赞叹自然造化的神奇。禾雀花在珠江三角洲许多郊野山区都有野生，是深受喜爱的地方性名花。华南植物园的木本花卉区、药用植物园、蕨类与阴生植物区、广州第一村、飞鹅一桥桥头等处都有生长多年的巨大禾雀花，每逢盛花时节花下总是游人如织。其中蕨类与阴生植物区和广州第一村的禾雀花处于自然生长状态，碗口粗的藤条纵横在林间，枝叶覆盖了旁边大树的树冠，尽显生命的野性与强大。

木棉

Bombax ceiba

　　蒲葵路两旁生长的木棉，春回大地之时开出鲜红硕大的花朵。沉甸甸的花儿从高高的树上坠地的声音十分响亮。明末清初诗人陈恭尹称赞它"浓须大面好英雄，壮气高冠何落落"，而当代诗人舒婷说它"像沉重的叹息，又像英勇的火炬"，老百姓则直呼其为"英雄树"。

黄花风铃木
Handroanthus chrysanthus

水边生长的黄花风铃木（黄钟木），花开时节一片金黄灿烂。

中国无忧花
Saraca dives

相传佛祖释迦牟尼是在一棵印度无忧花下降生的。因此印度无忧花被佛教奉为圣树。华南植物园引种的中国无忧花是印度无忧花的同属"姐妹"，外形也十分相似。中国无忧花的花朵在春季盛放，开花时聚满金黄色小花的火炬状的花序将整个树冠覆盖，无比灿烂辉煌。如果仔细观察，会发现这些金色的花朵其实是没有花瓣的，如同花瓣般的金黄色部分是它的苞片。

夏

　　副热带高压控制下飘满大朵积云的万里晴空，南海季风爆发带来的倾盆大雨，以及不时挟狂风暴雨自海上奔袭而来的台风，标志着漫长炎热的南国夏日已经来临。沐浴着丰沛的雨水与炽热的艳阳，园中的植物们竞相生长。行走在盛夏的植物园中，仿佛都能够听到四周许许多多植物开枝散叶的声音。相比春季而言，夏天里开放的花朵在种类和数量上都要少一些。但在美丽与奇特的程度上却毫不逊色。虽然闷热的气候、火辣辣的阳光与不期而至的暴雨让夏天成为植物园的游览淡季，但盛夏的植物园仍然能够以它的蓬勃生机给人以许多惊喜。

短萼仪花
Lysidice brevicalyx

　　树形浑圆规整，枝条修长飘逸的短萼仪花，是原产两广的乡土树种，在华南植物园的生物园、杜鹃园等处都有种植。它庞大的花序上生有许多洁白的苞片，鲜艳的紫红色花瓣从苞片中生出，开花时白紫两色交相辉映，十分清雅迷人。

腊肠树
Cassia fistula

初夏时节盛开灿烂黄花的腊肠树，满树金黄色的花序悠然下垂，金灿灿的一片迎风摇曳，好似许许多多金色的蝴蝶随风曼舞。花谢之时，金色的花瓣随风飘落如雨，所以它的英文名叫做golden shower tree，意思就是"黄金雨"。花谢后会结出一条条长筒形的荚果，形状好像腊肠一般，这也是它名字的由来。在木本花卉区、生物园、经济植物区等地都可以觅得腊肠树的芳踪。

爪哇决明

Cassia javanica

爪哇决明是腊肠树的同属"姐妹"。它的花形与腊肠树也有些相似，但颜色是娇柔的粉色，花序也不像腊肠树那样柔软下垂，而是高高地挺立于叶丛之上，远远望去好似一片片粉红色的烟霞。爪哇决明树形开展，枝条颀长，亭亭如盖的树冠投下大片浓荫，充满了奔放的热带风情，是华南植物园炎炎夏日里最耀眼的明星树种之一。观赏地点：园林树木区、生物园、药园、广州第一村、西门。

白兰

Michelia alba

在漫长的岭南夏日里，整座植物园中都会弥漫着白兰花的甜美香气。白兰堪称是常见香花中的巨人，可以长成十几米高的大乔木，盛花时节满树成百上千朵花儿一同开放，浓郁的香气可以传播到很远很远的地方。但它的单朵花儿却十分小巧，花瓣洁白修长，如同少女的纤纤素手。每到白兰花开的时候，广州的街头巷尾都有许多人沿街售卖这些芬芳四溢的花朵，还有许多人用白兰花来熏制芳香扑鼻的花茶。白兰是黄兰与山含笑两种植物的自然杂交种，如同骡子是由驴和马交配而生。所以白兰也像骡子一样，没有有性繁殖的能力，几乎从来都看不到它结出果实。但对于一种观赏植物来说，不能结果并不一定是一件坏事，这样反倒可以节省更多宝贵的营养用来长叶、开花。

大花紫薇
Lagerstroemia speciosa

　　盛夏艳阳的照耀下，大花紫薇高大浓密的树冠上一朵朵繁花开得绚烂。它圆圆的花瓣表面有着许多凹凸不平的纹路，并带有绸缎般美丽的光泽。华南植物园的大花紫薇生长在木本花卉区、经济植物区、生物园等处，木本花卉区还有一棵少见的红花大花紫薇。

洋蒲桃
Syzygium samarangense

　　苏铁园、生物园中种植的洋蒲桃，果实在炎炎夏日里成熟了。沉甸甸的果实将枝条都压得下垂。这些铃铛状的果实成熟后呈诱人的浅红色，表面如同覆盖着一层蜡质般光亮，并散发出类似玫瑰花的香气，令人馋涎欲滴。果实成熟后，种子可以在果实内部晃动发出声响，十分有趣。

朱槿

Hibiscus spp.

　　花色鲜艳耀眼的朱槿，全身上下都充满了热情奔放的气质，可谓是热带风情的最佳代言人，是马来西亚的国花与美国夏威夷的州花。如果仔细观察它的花朵，可以发现所有的雄蕊花丝都合生成为一束，将雌蕊包裹在中央，好像一条可爱的毛毛虫，这种形态在植物学上称为"单体雄蕊"。虽然朱槿花期很长，其他季节也都会有开放，但夏季是它绽放得最为烂漫的季节。华南植物园的生物园中种植了许多个品种的朱槿，色彩、花形多种多样、各不相同。

秋

岭南的秋天与夏天的界限并不分明，雨水逐渐变少，但气温往往居高不下，甚至到 11 月仍然会令人产生身在盛夏的感觉。只有慢慢变短的白昼与夜间的微微寒意，才能提醒人们秋天已经渐渐来临。秋天是一个收获的季节，经过漫长春夏的孕育，不少植物的果实在秋季逐渐成熟，将它们的下一代撒播在土壤里。而许多花儿也迎来了一个开放的小高峰。

木芙蓉
Hibiscus mutabilis

在中国传统文化中，木芙蓉一直被作为秋季的代表性名花，为历代的诗人们所咏叹。它硕大如人面庞的花朵，在清晨初开时是素雅的白色，午后就逐渐加深转变为粉红色，等到夕阳西下花朵快闭合的时候，花瓣的颜色已经变成鲜艳的深红色，如同醉酒的美人脸庞，所谓"晓妆如玉暮如霞，浓淡分秋染此花"。因此它又有着"三醉芙蓉"的雅称。华南植物园生物园北部种植有较多的木芙蓉，并且有单瓣、重瓣等不同品种，药园与木本花卉区也有种植。

木樨 （桂花）

Osmanthus fragrans

　　香气甜美的桂花，同样也是标志性的金秋风物。它可以按照外形与开花习性分为四大品种群：开金黄色花的金桂、开白色或淡黄色花的银桂、开橙红色花的丹桂与一年多次开的四季桂。广州地处岭南，已经是桂花能够生长的边缘地带。桂花的四大品种群中以四季桂在广州最为常见，其次是丹桂，而金桂、银桂则因为开花状况与主产区相比不太理想而较少能够见到。华南植物园的木本花卉区种植有四季桂与银桂，中心大草坪办公楼门前有丹桂，温室大草坪东侧则有金桂与银桂。开花时节许许多多的小花从枝头冒出，又如雨点般坠落，沁人心脾的甜香令人心旷神怡。

银桂

金桂

四季桂

丹桂

铁冬青
Ilex rotunda

　　经过一个盛夏的成长，铁冬青的果实在秋风中慢慢成熟。成千上万颗珊瑚珠般的果实由绿色逐渐变为黄色，最后转为耀眼的鲜红。如果没有人或动物去采摘的话，这些果实在变红成熟之后还可以在枝头保留好几个月的时间，直到第二年3月都不会全部落光。但这些果实也是乌鸫等许多鸟儿喜爱的食物，果熟时节会引来成群飞鸟聚集枝头大快朵颐，年底之前就能将枝上的果实风卷残云般取食一空。华南植物园中心大草坪与科普信息中心西门外的铁冬青树形是低矮开展的伞形，枝叶、果实触手可及，十分"亲民"；而温室群景区入口附近的铁冬青则"身材"高挑挺拔，一树艳红的果实在秋日夕阳的照耀下格外美不胜收。

复羽叶栾树

Koelreuteria bipinnata

　　木本植物区入口处的复羽叶栾树，花开时节恰逢国庆节期间，巨大的圆锥花序上缀满了金黄色的小花。花谢后结出的果实外皮会像被吹胀的气球一样膨大，好像一个个小灯笼成串挂在枝顶，所以它又有"灯笼树""摇钱树"等别称。这些果实成熟后会散出黄豆大小的黑色种子，圆润坚硬有光泽，可以串成念珠、手链等工艺品。

来自遥远西伯利亚的寒潮越过广袤的国土，到达南海之滨时虽然已是强弩之末，但仍然余威尚存，会为岭南带来寒意刺骨的凄风冷雨。然而一旦冷空气消散，明媚的阳光又会回到这片大地，气温时常回升到20℃以上，如同初夏般温热。因此，岭南的冬日并不如北方般萧瑟肃杀。在这样短暂而并无严寒的冬日，"春夏秋冬随机播放"的季节里，仍然有许多花儿在开放。虽然这座园子的主色调是四季常青的，但也会有少部分树木会在冬季落叶前换上华丽的盛装，成为满眼浓绿中的一抹亮色。

落羽杉
Taxodium distichum

年末的几次寒潮过后，子遗植物区和三拱桥畔的落羽杉和池杉就会将青绿色的"常服"换为红褐色的"礼服"，迎接又一年生长期的谢幕。尔后，它们的叶片就会一片片掉落，只留下光秃秃的枝干，恍如北国的寒冬。然而这些繁华落尽的枝干中孕育着新的力量，要不了多久，嫩绿的新芽就又会从枝头萌发出来，开始新一年的轮回。

枫香

Liquidambar formosana

　　冬日的阳光在中心大草坪畔的枫香树上跳跃，把它照耀成一支耀眼的火炬。中国南方部分少数民族认为枫香是先祖的象征和化身，红色的汁液是祖先的鲜血，具有神力，于是就用这种汁液来描绘自己的图腾和崇拜物的形象，再经过染色、漂洗等工序，制成祭祀用的服装和旗幡，后来又从祭祀用品普及到日用品，这就是民间传统工艺"枫香染"。

加椰芒 （食用槟榔青）
Spondias dulcis

　　木本花卉区的加椰芒也开始抖落自己一身金灿灿的黄叶，准备进入短暂的休眠。树枝上还挂着许许多多形状如同小芒果一般的果实。

乌桕
Triadica sebifera

经济植物区的乌桕树，正在变红的无数菱形叶片在冬日蓝天的衬托下格外醒目。

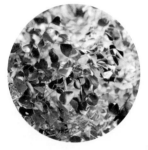

刺桐
Erythrina variegata

木本花卉区、广州第一村与姜园盛放的刺桐，一串串鲜红的花朵在叶片落尽的枝头上格外醒目。刺桐花的形状好像一根纤长弯曲的象牙，因此又有着"象牙红"的别称。

山茶 & 茶梅

　　华南植物园里茶花的花季从每年的 11 月开始，到第二年 5 月方才结束，而以 12 月到翌年 2 月最盛。作为久经栽培的中国传统名花，茶花拥有许多形态各异、多姿多彩的栽培品种，华南植物园的山茶园就引种了 300 多个品种。冬日的阳光穿过山茶园上空高大乔木的树冠，点点光斑落在树阴下山茶浓绿光亮的叶片与盛开的繁花上，形成一幅明与暗相得益彰的风景画，吸引了许多花友与摄影爱好者。

山茶

茶梅

樱花

Cerasus spp.

　　生物园中近几年新栽的一片樱花树，每到
深冬早春都会开成一片烂漫的红云。这些樱花
与北方常见的那些樱花品种并不相同，而是原
产华南、西南地区的福建山樱花、云南樱花以及
带有它们血统的园艺品种'中国红'与'广州樱'，
它们能够适应岭南的酷热与潮湿。北方的樱花品种
通常以粉色、白色为主色调，花期往往在一两周
之内匆匆结束，花谢时轻柔的花瓣如雪般的纷
飞，浪漫凄婉。而这些南方樱花品种的花朵更
加紧凑小巧，花色更加红艳，少了一份柔美，
却多了一种别样的热烈喜庆气质。

广州樱

云南樱花

中国红樱花

炮仗花

Pyrostegia venusta

攀爬在望瀑桥头的栏杆上、苏铁园与西门附近的棚架上、还有棕榈园水边的亭子上的炮仗花，翠绿复叶的顶端变成了三根细长的卷须，可以帮助它抓住身边的其他物体向上生长。每到新年伊始，细细长长的橙红色的花朵就会从四季常青的绿叶中探出头来，一串串挂在枝头，如同一串串点燃的鞭炮，色彩鲜明、热情洋溢，为新年增添了不少节日的欢乐气氛。

红花荷
Rhodoleia championii

广州第一村路边的山脚下，一排红花荷在冬日里绽开了它们亮丽的笑靥。它钟形的花朵红艳娇美，其下垂的姿态与岭南山野常见的吊钟花有些相似，但要比吊钟花硕大华丽得多，因此又被称为"吊钟王"，是岭南地区常见的乡土树种。

非洲芙蓉
Dombeya burgessiae

产自马达加斯加的非洲芙蓉，手掌大的心形绿叶之间悬吊着一个个花序，每个花序上能够开出好几十朵粉红色的花朵，整个花序如同一个硕大的绣球。

芦荟
Aloe spp.

　　每到冬末春初，沙漠植物温室外的多种芦荟属植物的花朵都会大片开放。它们的花朵以红、橙、黄等暖色系为主色调，在冬日里给人带来融融暖意，令人如同置身雨季来临、万物复苏的非洲旷野。

偶遇积雪

　　2016年1月24日，受到强寒潮侵袭的广州十分罕见地下了一场小雪。由于地面附近的温度还比较高，绝大部分雪花一旦落地都立即融化，消隐无踪。只有苏铁叶柄基部等少数角落的积雪得以暂时残存。

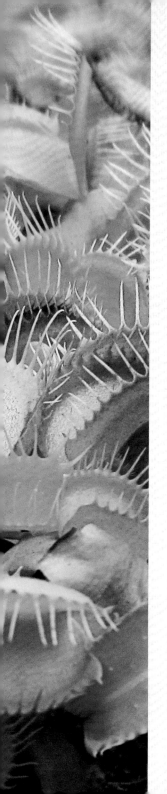

生存之道

机关算尽太聪明

绞杀 看似肌肤相亲，实则你死我活

表面上宁静祥和的绿色世界，其实时时刻刻都在上演着生死攸关、惊心动魄的争斗。为了争夺土壤、水分、阳光等生存所必需的资源，所有植物都会使尽浑身解数尽力生长，尽可能地壮大自己，排挤其他植物。而有一些植物的表现更加明目张胆，它们会以自己的身躯与竞争对手展开贴身肉搏，直接强势挤压其他植物的生存空间。这类植物通常生长较为迅速，能够在长势上盖过它们的竞争对手；并且通常具有附着力强的藤蔓或气生根，竞争对手一旦被它们"套牢"就将无处可逃，只能坐以待毙。

榕树

一粒小小的榕树果实，落在了经济植物区一棵白千层的树干凹陷处，并在雨水的滋养下萌发。在此后的数十年中，这棵榕树缓慢而坚定地伸出长长的气生根，将它所栖身的这棵白千层树紧紧环抱。如果不加以人工干预，终有一日这棵榕树会将曾作为它成长温床的白千层绞杀而死。

洞天树
Ficus macrocarpa

热带雨林温室中栽培的"洞天树"，也是由一颗落在大树枝杈之间的榕果（大果榕）萌发生长而成。原有的大树被榕树包围绞杀致死后最终腐烂消失，只留下了中间巨大的空洞。

合果芋
Syngonium podophyllum

　　相比于前面介绍的几种绞杀植物而言，合果芋、绿萝等天南星科藤本植物的攀缘对树木是基本无害的。因为它们只是通过气生根分泌的黏性物质粘附在树皮上借树栖身而已，并不会通过藤茎的缠绕来限制树木的生长，也不会遮蔽树冠的阳光，更不会吸收树木的营养来"损人利己"。

五爪金龙
Ipomoea cairica

　　五爪金龙是一种从大洋彼岸的美洲热带地区远道而来的入侵植物。它地下的块根可以为植株的生长提供源源不断的动力，看似纤弱却强大的茎可以蔓延好几米长，并且能够本能地缠绕一切能够缠绕的物体。一棵五爪金龙可以在几年的时间里攀缘并覆盖整株大树的树冠，令大树得不到阳光，逐渐衰弱而死。园中许多地方都可以看到这种"植物杀手"的身影。

猫爪藤

Macfadyena unguis-cati

猫爪藤的叶片末端变为细长而弯曲的"爪子"，它就是依靠这些纤细却有力的"爪子"抓住四周的物体不断向上攀爬。在经济植物区生长的猫爪藤已经覆盖了高高的白千层树冠。

独木成林

　　许多种榕属植物都能够长出暴露在空气中的根——气生根，这些气生根会不断生长，一旦接触到地面就会扎进土中。此后，这条原本纤细的根会逐渐变粗，像树干一样支撑起上面的枝条，成为"支柱根"。有了这些支柱根的支撑，部分种类的榕属植物可以发育出面积达上千平方米的庞大树冠，形成"独木成林"的蔚然奇观。

高山榕
Ficus altissima

高山榕的"独木成林"景观。其上部的茎干在空中相互交织，枝叶在蓝天下伸展，树根在地底下相互扶持，共同撑起一方天空。

环榕

　　棕榈园湖边的环榕，蓬勃生长的植株将旁边的散尾葵压得抬不起头来。

橡胶榕

　　温室大草坪西侧生长的印度橡胶榕，巨大的树冠投下浓密的绿阴，可供上百人在其下乘凉。

寄生 不劳而获

　　大部分植物都是生态系统中的"生产者"，它们利用根系吸收水分和无机盐，通过光合作用将空气中的二氧化碳转变为有机物，从而养活自己和许许多多的其他生物。但有些植物却是"损人利己""不劳而获"的寄生者，需要通过"巧取豪夺"的方式从其他植物身上吸取营养。这些植物被人们称为"寄生植物"。

南方菟丝子
Cuscuta australis

　　南方菟丝子的全身上下都不含有叶绿素，不能进行光合作用，必须通过吸收寄主的营养才能够维持生存。

广寄生

Taxillus chinensis

  广寄生是广州最常见的一种寄生植物，很多种植物都是它的寄生对象。它开花后会结出黄色多汁的浆果，深受鸟儿们欢迎。而浆果中含有的黏性物质可以将它的种子黏附在鸟儿的喙或肛门上，促使鸟儿在树枝上把种子蹭掉，这样就把种子传播到了新的寄主身上。种子会在新的寄主身上生根发芽，长出特殊的"吸器"深入寄主体内，吸收营养供自己生长。与菟丝子不同的是，广寄生生存所需的营养物质不完全来自寄主，其自身也是可以通过光合作用来合成有机物的，这样的寄生植物称为"半寄生植物"。

柿寄生

Viscum diospyrosicola

　　柿寄生是广州较为常见的另一种半寄生植物，经常可以见到它寄生在高大的南洋楹树枝上，一丛丛枝叶好像一个个蓬松的鸟窝。

檀香
Santalum album

相比于其他"明目张胆"的寄生植物而言，檀香的寄生方式就要"阴险"得多。它的植株看起来和普通的树木并没有什么不同，但它除了靠自身的根系从土壤中吸收营养之外，还会通过埋藏在地下的根部吸器插入其他植物的根系内吸收营养。而且檀香对寄主的种类也十分挑剔，如果附近没有合适的植物供它寄生，它就会逐渐枯萎死亡。历史上的植物学家在移植檀香的时候曾经屡遭失败，后来偶然注意到檀香只有和其他植物一同种植方能成活，才发现它"不劳而获"的真相。檀香树的心材具有浓郁的香气，是重要的香料、传统药材与工艺品原料。

无根藤
Cassytha filiformis

无根藤的藤蔓无根无叶，像一张大网覆盖在寄主植物身上。

附生 空中花园

　　在气候适宜、空气比较湿润的地区，许多植物并不是扎根在土壤里，而是高高在上地生长在其他高大树木的树干或枝桠上。这种生存状态就叫做"附生"。附生植物与寄生植物不同，只是附着在其他植物身上，并不从其他植物体内吸收营养，一般不会对它所栖身的植物造成伤害。

　　树上的环境与地面上是大不相同的，缺少足以扎根和保持水分的土壤，即使下雨，雨停之后水分也会很快流失。因此附生植物通常都具有发达的气生根，能附着在枝条上，吸收宝贵的水分与营养物质。它们通常还具有肉质多汁的茎叶，可以贮存较多的水分和营养物质，以备不良环境条件下维持生命所需。常见的附生植物包括多种兰科植物、夹竹桃科球兰属与眼树莲属、多种蕨类等。它们中的许多种类都有着奇特的枝叶和美丽的花朵，将它们所栖身的树木打扮得如同"空中花园"。

附生热带兰花

　　热带雨林温室中的
附生热带兰花。

文心兰

拟万代兰

黄花树兰

兰科

球兰
Hoya sp.

奇异植物温室中多
姿多彩的球兰。

空气凤梨

　　"空气凤梨"是凤梨科家族中的一群成员，以铁兰属的种类为主，有数百种之多。它们在原产地是附生在树干、电线杆等地方，不需要哪怕一寸泥土。根系几乎完全裸露在空气中，只起到固定植株的作用。而吸收水分与营养的任务则是通过叶片来完成。它们易于养护管理的生态习性和独特而充满现代感的外观，让它们成为了近些年来家庭园艺的新宠。

犀牛角铁兰

粗鳞铁兰

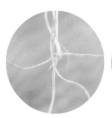

板状根

　　在莽莽苍苍的热带雨林之中，为了支撑庞大的树冠与粗壮的树身，许多树木能够从树干的基部长出巨大的板状根，从几十厘米甚至几米的高度延伸到地面。板状根的发育情况和地面上的树冠状况是呈正相关的，在空中树冠较为浓密的部位，地面上相应部位的板状根会更加发达，从而对沉重的树冠起到更好的支撑作用。

杂色榕
Ficus variegata

　　生长在蕨类与阴生植物区的杂色榕，发育有较为明显的板状根。

人面子
Dracontomelon duperreanum

　　人面子路两旁的人面子。可以明显地观察到面向道路一侧的板状根比面向道路外侧的板状根更加发达。这是因为面向道路一侧的树冠因为相互遮挡而较为稀疏，而外侧树冠因空间、光照充足而较为浓密。而树冠的浓密程度又影响了地面上的板状根的发达程度。

瓜栗
Pachira aquatica

原产于中南美洲水边湿地的瓜栗，强壮的板状根有利于它在松软泥泞的水边站稳脚跟。

长芒杜英↑

Elaeocarpus apiculatus

翅苹婆↑

Pterygota alata

原产于海南的翅苹婆树干通直高耸入云，而板状根则为树干提供了有力的支撑。

老茎生花

　　一般的植物是在植株顶端最新长出的枝条上开花结果。但少部分植物却有在老茎、树干上开花结果的习性。热带雨林中的不同植物对于空间的竞争十分激烈，上层树冠交织稠密，不利于昆虫活动。而花开在相对通透空旷的老茎和树干上时，就容易被昆虫光顾而授粉。老茎上生长的幼嫩花果还可以受到树冠的庇护，躲过狂风暴雨的袭击。此外，强壮的树干也能承受更为巨大沉重的果实而不致折断。

十字架树→
Crescentia alata
　　温室大草坪上生长的十字架树，叶片好像一个个十字架，花朵与果实着生在粗壮的老茎上。

可可←
Theobroma cacao
　　挂在树干上的可可果实，它的种子就是我们熟悉的巧克力的原料。

火烧花↑
Mayodendron igneum

　　火烧花的主干挺直高挑，树冠比较窄，显得十分"苗条"。橙红色的花朵从盘曲虬劲的老枝上生出，从春季一直开到夏初。开花的时候叶子往往还没有生长出来，黝黑的树干上一簇簇繁花仿佛熊熊燃烧的野火，微风吹过，繁花如雨而落，蔚为壮观。

波罗蜜↓
Artocarpus heterophyllus

　　波罗蜜的硕大果实重量可以达到 50 千克，号称"水果之王"。只有足够粗壮的老枝和主干才能承受如此沉重的负担。

嘉宝果

Plinia cauliflora

　　嘉宝果的小白花开在树干上。花后结出密密麻麻的果实，好像一粒粒黑葡萄。

红茱萸

Melicope rubra

　　红茱萸的花开得灿烂，花后结的果像小铃铛。

隐头花序 无花之果

　　桑科榕属的隐头花序是一种十分奇特的花序。它的花序轴变形膨大成一个肉质的花座，花座向内包卷成一个半封闭的球体，只在顶端留出一个细小的开孔。而众多的小花就生长在球体的内壁上，隐蔽在花座的严密包裹之中。拥有隐头花序的榕树往往会和特定种类的小蜂形成互利共生的关系。小蜂从花序顶端的开口进入为小花传粉，而小蜂的幼虫也以部分小花作为食物。整个球形的花序会像普通的果实一样，随着小花的授粉、发育和种子的成熟而变大、变软、变色，最后发育为成熟的聚花果。这类多汁而营养丰富的果实是很多鸟儿的最爱。不少种类的果实人类也可以食用，其中最著名的种类就是香甜的无花果。

大果榕
Ficus auriculata

　　大果榕硕大的聚花果，味道尝起来和水蜜桃十分相似。

薜荔
Ficus pumila

　　薜荔胖乎乎的聚花果内部含有丰富的胶质，可以用来做成爽滑可口的凉粉。

枕果榕
Ficus drupacea

　　枕果榕的聚花果颜色橙红，是乌鸫等鸟儿喜爱的美食。

大果榕

垂叶榕

垂叶榕
Ficus benjamina

　　垂叶榕色泽鲜艳的果实挂满枝头。

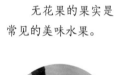

粗叶榕
Ficus hirta

　　粗叶榕的聚花果像它的枝叶一样都被着短粗的硬毛。

无花果
Ficus carica

　　无花果的果实是常见的美味水果。

无花果

苞片 花还是叶？

　　通常来说，一棵植物身上最为美丽显眼的部分是担负传宗接代重任，需要"招蜂引蝶"的花朵。但有些植物的苞片（花朵外围的变态叶）形态多样，色彩多变，比真正的花冠还要鲜艳美丽。而这些苞片往往质地坚韧耐久，能够保持美丽姿态的时间往往比娇嫩的花冠还要持久得多，从而在很大程度上替代了花冠起到吸引传粉者前来授粉的功能。

三角梅
Bougainvillea sp.

　　三角梅又叫簕杜鹃、叶子花，它的花三朵聚生在一起，小巧的白色花冠并不显眼，主要的观赏部位是其色彩艳丽的宽大苞片。这些苞片往往在花朵本身凋谢很久之后仍然不会凋落。

花烛↑
Anthurium sp.

花烛又叫红掌，其花序下的苞片质地厚实，颜色鲜艳，还带有蜡质光泽，常常让不明就里的人以为是塑料做成的假花。这种苞片的外形好像佛像身后的火焰，所以有一个专有名词叫做"佛焰苞"。

一品红↓
Euphorbia pulcherrima

每到年终岁末，一品红的枝头都会生出一轮轮鲜红如花的苞片。而真正的花朵长在苞片的中间，并不十分引人注目。

珊瑚塔↑

Aphelandra sinclairiana

　　珊瑚塔淡紫色的花冠从橙红色宝塔状的苞片中伸出。

金苞花↑

Aphelandra lutea

赤苞花↑

Megaskepasma erythrochlamys

虾衣花↑

Calliaspidia guttata

　　虾衣花的一层层苞片包裹着白色的花朵，如同一只只弯着腰的虾米。

紫苞芭蕉↑

Musa ornata

　　几乎全年都可以见到开花的紫苞芭蕉，紫红色的花序好似盛开的莲花。

食虫植物 植物中的肉食者?

在大多数人的印象里，寸步难行的植物只是供食草动物取食的食料。但是，植物王国中也有少部分成员进化出了捕捉昆虫等小型动物为自己"加餐"的能力。这些植物通常原产于沼泽地带。它们所扎根的土壤长期浸水缺乏氧气，有机物难以被微生物分解，从而缺乏植物所必需的氮素。而这些进化出食虫能力的植物则可以通过捕捉昆虫为自己提供丰富的氮素来源。

猪笼草
Nepenthes ventrata

猪笼草的叶片中脉极度延伸，末端形成一个中空的瓶子。瓶子的内壁非常光滑，底部装有少量的消化液，而开口附近会分泌出诱人的蜜汁。如果有昆虫滑落到瓶底，就会被分解成营养物质供猪笼草吸收。

瓶子草

Sarracenia sp.

　　瓶子草的叶片本身就是一个个耸立的捕虫瓶，捕虫的原理和猪笼草相类似。

茅膏菜和捕虫堇

　　茅膏菜和捕虫堇的
叶片上布满了腺毛，上
面布满了带有黏性的液
体，小昆虫一旦被粘住
就难以脱身。

捕虫堇

茅膏菜

捕蝇草 ↑

Dionaea muscipula

　　捕蝇草的叶片顶端长着一个捕虫夹。捕虫夹的边缘生长着许多纤长的刺毛，夹子闭合时这些刺毛会相互交错，起到防止昆虫逃脱的作用。而夹子的两边内侧也各长着 5 根纤毛。这些敏感的纤毛如果被连续触动超过两次，就会触发捕虫夹迅速关闭，将昆虫困在夹子中消化吸收。

少花狸藻 ↓

Utricularia gibba

　　少花狸藻的植株大部分都沉没在水下，分裂繁复的茎枝纤细如发，上面长满了许许多多细小的捕虫囊。捕虫囊的开口处有一个活门，只能向里打开。活门上还有敏感的机关。一旦有水中的小虫触动机关，活门就会向内打开，同时捕虫囊突然扩张，将小虫吸进去。之后活门又迅速闭合，小虫就成为了狸藻的美食。

向水中进军

生物进化的总体趋势是由水生到陆生。高等植物经过漫长的进化，逐步摆脱了对水环境的依赖。但陆地上的生存也充满了激烈的竞争，因此许多植物又开启了向水中挺进的步伐。为了适应水中的生存条件，它们进化出了多种适应水中生存条件的特殊结构。

秋茄树

Kandelia obovata

秋茄树生长在热带海滨滩涂的红树林中。它独特的"胎生"现象是对海滩复杂环境的良好适应。它的果实成熟后会在枝头上直接萌发，长出一根尖细的胚轴。胚轴一旦掉落插入滩涂，就能够迅速扎根生长，发育成新的植株。

瓜栗↑

Pachira aquatica

　　瓜栗的呼吸根从树干的侧面生出，能够为基部浸没在水中的植株提供空气。

水葱↑

Schoenoplectus tabernaemontani

　　水葱的叶片是空心的。这种中空的结构可以将空气输送到植株浸没在水下的部分。

凤眼莲（水葫芦）↑

Eichhornia crassipes

　　凤眼莲（水葫芦）的叶片基部有膨大中空的气囊，好像救生衣一样，能够帮助它在水中漂浮。因此它可以随水四处飘荡，大量繁殖，在我国是危害严重的入侵植物。

传粉 谁为媒?

为了将自己的花粉传播到另一朵花的雌蕊上从而完成传宗接代的使命，植物们能够使出各种各样的手段。有些植物是以风为媒，能够散发出天文数字的花粉漫天飘洒。而另一些植物则会邀请身边生活的动物小伙伴们来帮助，当然这种帮助并不是无代价的，往往要以美味的花蜜来作为报偿。

构树 →

Broussonetia papyrifera

构树的雄花序形状如同一条条毛毛虫。开花时节散出的花粉如同缕缕轻烟从花序上冒出，随风飘散，落到雌花上就可以使雌花受精并结出果实。

棱轴土人参 ←

Talinum fruticosum

一只蜜蜂在棱轴土人参的花朵上工作。勤勤恳恳的蜜蜂是授粉者中的主力军。

虎斑蝶

报喜斑粉蝶

姿态翩翩的蝴蝶也是花间的常客。

佩兰与幻紫斑蝶

泽兰属与裸冠菊等部分菊科植物的花朵，对于蛱蝶科斑蝶亚科（旧称斑蝶科）的蝴蝶有超乎寻常的吸引力。

裸冠菊

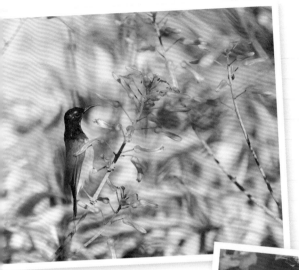

南山茶、红花荷、刺桐、木棉、福建山樱花、小悬铃花、红茱萸、虾子花、希茉莉、芦荟属等植物是借助鸟类来传粉的，它们的花朵大都呈现鲜艳的红色，这是鸟儿们喜爱的颜色。植物园中经常光顾各种花朵的鸟儿有叉尾太阳鸟、暗绿绣眼鸟等。

斑马芦荟与叉尾太阳鸟

叉尾太阳鸟

橙腹叶鹎与南山茶

甲虫

甲虫也喜欢在花中流连忘返、大快朵颐。

兰花蕉 →

Orchidantha chinensis

兰花蕉的花朵色彩暗淡，貌不惊人，深藏在绿叶丛中，如果不注意很难被发现。而它也有着自己专属的传粉者——蠼螋等近地面活动的小昆虫。

蜘蛛抱蛋 ←

Aspidistra elatior

蜘蛛抱蛋的花朵半埋在地下，露出土壤表面的高度通常不到1厘米。它的传粉者至今尚未被科学家所确定，可能的传粉者有蛞蝓和小型节肢动物等。

化学武器

　　几乎所有的植物体内都含有各种用来抵御动物取食和病原体感染的化学物质。因为植物不能自主运动，无法躲避、逃跑，需要依赖化学武器的庇护才能够顺利地生存下去。有些植物的化学武器只是让动物感到难闻或难以入口；而另一些植物的化学武器则要厉害得多，甚至能够一举置天敌于死地。

箭毒木←

Antiaris toxicaria

　　热带雨林温室中从海南岛引种而来的箭毒木，汁液中含有剧毒的强心苷，浓缩的汁液如果进入伤口就会造成中毒，严重时可能致命，因此又有"见血封喉"的别称，曾被原产地居民用于制作捕杀动物的毒箭。

番茄→

Lycopersicon esculentum

　　番茄植株的全身布满了柔软而黏糊糊的腺毛，散发出特殊的难闻气味，这种气味能够让一些种类的害虫退避三舍、敬而远之。

海杗果→

Cerbera manghas

温室大草坪中央生长的海杗果，果实形状与常见的水果杗果（芒果）十分相似，但毒性颇强，如果不慎入口，后果将会非常严重。

相思子←

Abrus precatorius

药园种植的相思子，种子色泽红黑各半，艳丽迷人，但其中含有的毒蛋白毒性非常剧烈，一两颗种子足以致人死亡。

马兜铃科

Aristolochiaceae

许多马兜铃科的植物体内都含有马兜铃酸，能够与人体细胞内的 DNA 加合，造成不可逆的破坏，并会诱发癌变，特别是对肾脏的毒性尤为严重。

| 美丽马兜铃 | 卷毛马兜铃 | 广西马兜铃 | 海南马兜铃 |

品读植物

一枝一叶总关情

根

　　大部分植物的根系，主要是作为固定、支持植物体，并从土壤中吸收水分与营养供植物利用的器官。因此它们大都其貌不扬，深深地扎入地下，为地面上的枝叶与花果默默奉献，从不奢求人们关注的目光。然而，也会有一些植物的根系会呈现出与众不同的姿态，甚至成为这些植物身上最为引人注目的部分。部分植物本应深埋地下的根系会在一定的条件下露出地表，展露出它们的强健之美。另外一些原产热带、亚热带湿润地区的植物会长出很多天生就暴露在空气中的气生根，并通过它们实现攀爬、附着、支持、呼吸等多种多样的功能。

大王椰子 →
Roystonea regia

　　植物园中十分常见的大王椰子，从粗壮的树干基部生出许许多多强韧的支柱根。这些手指般粗细的根系斜向下方扎入泥土，支撑着高大的树体巍然屹立。

锡兰杜英 →
Elaeocarpus serratus

　　经济植物区的锡兰杜英，遒劲的根系露出地表。

榕树
Ficus microcarpa

在广袤的南国大地上，到处都可以看到榕树的气生根在随风飘摇，如同老人的美髯，形成一道具有鲜明地域特色的风景线。

龟背竹 *Monstera deliciosa*

经济植物区路旁生长的龟背竹，纤长的气生根粗细均匀、表面粗糙，乍一看如同无生命的电线，这让它有了"电线兰"的别称。依靠这些气生根的黏附作用，龟背竹能够爬上几十米高的大树、墙壁与山崖。

锦屏藤 *Cissus verticillata*

姜园展翠楼下的锦屏藤，气生根纤细而数量繁多，如不加修剪，这些根系会不断生长下垂，直至地面。根系的色彩也会随着时间的推移而不断变深，由鲜嫩的红色逐渐变为暗淡的褐色。

华西蝴蝶兰 *Phalaenopsis wilsonii*

兰园树上附生的华西蝴蝶兰，蜘蛛腿一般的蜿蜒根系紧紧地贴在树皮上，甚至嵌入树皮中的缝隙。华西蝴蝶兰的叶片在较为干旱的条件下在植株上保留的时间往往不长，需要依靠一年四季都长期保留的绿色根系进行光合作用。

树形

　　不同的树木，有着各不相同的树冠外形。有经验的人，往往不需要走近仔细观察枝叶，而只需远隔百十米外的一瞥就可以根据树形判断出树木的种类，就如同我们看到熟悉的人时，不需要看到面孔，只要看到迎面而来的身姿就可以知道对方是何许人。

木棉

肯氏南洋杉、木棉、糖胶树

　　肯氏南洋杉、木棉、糖胶树等树种的形态特征都是树干端直，大枝分层轮生，向四周平伸。

肯氏南洋杉

木棉

糖胶树

南洋楹 ←

Falcataria moluccana

在华南植物园内多处都有栽种的南洋楹，主干高大而粗壮，枝条挺拔而有一种冲天的气势，树冠的顶部则像剃了平头一样平坦，在很远的地方就可以看到它们高傲的树冠。但常言道"木秀于林，风必摧之"，高大的南洋楹抵抗大风的能力并不强，因为它的原产地属于赤道无风带，并不会遇到强风的侵袭。而当它被引种到时常有强对流天气与台风的我国东南沿海后，就容易受到大风的危害而断枝甚至倒伏。另外，南洋楹属于速生短寿树种，树龄三四十年后就会出现明显的衰老，衰老后的植株抵抗风雨的能力会进一步下降。因此在恶劣的天气下路过这些大树身旁时需要多加小心。

翅苹婆 ↑

Pterygota alata

中心大草坪旁的翅苹婆，粗壮笔直的树干高耸入云。

柱状南洋杉 ↑

Araucaria columnaris

柱状南洋杉的大枝也是分层轮生向四周平伸，但它的树干常常会随意任性地向各个方向倾斜，也是别有一番风味。

树皮

　　远远看起来似乎都是一个模样的树皮，其实细细看来却是各不相同。有些树的树皮光滑细腻，如少女般光彩照人，有些树的树皮粗糙斑驳，如老人般饱经沧桑，更有些树皮为了抵御食草动物的啃食，表面生满了锐利的尖刺，如武士般披坚执锐……

　　俗话说"树活一层皮"，树皮中包含着承担树木体内物质运输任务的输导组织，对树木生存的意义是极其重要的。一棵树即使树心木质部完全腐烂，也还可能继续存活，但只要树皮遭到环状剥离，被剥皮部位以上的部分很快就将无法生存。

非洲楝↑

Khaya senegalensis

　　中心大草坪与杜鹃园等处都有种植的非洲楝，树皮上有明显而特别的龟裂纹。

红皮糙果茶↑

Camellia crapnelliana

　　红皮糙果茶主干与大枝的表皮上有一层细细的红褐色粉末。如果用手抚摸树干，这层粉末就会黏在手上。

人面子←

Dracontomelon duperreanum

　　人面子路两旁的人面子，树皮时常会有近于方块形的剥落，留下具有鲜明特征的浅色痕迹。

白千层 ←

Melaleuca cajuputi subsp.

　　白千层的树皮像海绵一样柔软疏松，并且会像千层纸一样剥落。这样的独特结构可以隔绝原产地夏季的高温甚至森林大火，保证主干不被灼伤。而树皮的层间缝隙也是许多昆虫、蜘蛛、蜗牛以及壁虎等小型动物的庇护所。

木荷 ↑

Schima superba

　　山茶园中的木荷，树皮上往往会附生有特定种类的真菌与藻类，呈现出特别的黄色。

柠檬桉 ↑

Eucalyptus citriodora

　　柠檬桉的树皮最外层会随着自身的生长而不断脱落，始终保持灰白光洁的外观，再加上树干纤细苗条，人送美名"靓仔桉"。

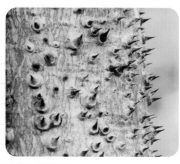

皂荚↑

Gleditsia sinensis

　　皂荚的树皮表面会长出尖利而分叉的刺。这些刺实际上是一种形态特殊的枝条，在适当的条件下还可以继续生长。

响盒子↑

Hura crepitans

　　响盒子又叫沙匣树，树干上也是满生锐刺，和树体内的有毒汁液一同保护着它自身的安全。

非洲霸王树←

Pachypodium lamerei

　　非洲霸王树的树干上布满了尖刺，叶片只生长在枝条的顶端。魔针地狱小巧的心形叶片则躲藏在树干表面尖锐的刺中间。这两种植物都产于非洲马达加斯加岛西部的干旱地区，叶片在水分缺乏的旱季会全部脱落，布满尖刺的枝条可以抵御食草动物的取食。

魔针地狱　魔针地狱

三种广州常见木棉亚科植物树皮对比

木棉
Bombax ceiba

木棉的树皮灰褐色，有不太明显、与树皮颜色相同的刺。老树的刺会逐渐被磨平或脱落而消失，不能再生。

南美木棉
Ceiba pentandra

南美木棉的树皮通常绿色，无刺。

美丽异木棉
Ceiba speciosa

通常绿色，有较为明显的黄褐色圆锥状尖刺。

叶 新叶胜春花

有些植物刚刚长出的幼芽往往会呈现美丽的黄色、红色而非绿色。这是因为令叶片呈现绿色的叶绿素要在新叶接触阳光之后才能合成。刚刚长出的叶片往往叶绿素含量较少，而其他色素含量较多。因此叶绿素的绿色会为其他色素的色彩所掩蔽。等到叶片逐渐成熟，叶绿素含量升高，叶片就会转变为正常的绿色。

方枝蒲桃↑

Syzygium tephrodes

方枝蒲桃多姿多彩的新叶。

钟花蒲桃↑

Syzygium campanulatum

钟花蒲桃的新叶红艳如火，是园林中常用的彩叶灌木。

黑果榄仁↓

Terminalia melanocarpa

生物园南部的黑果榄仁，每年春夏之交生出的新叶都会呈现鲜艳的红色。

金丝李↑
Garcinia paucinervis

枫香→
Liquidambar formosana

　　樟树路旁的枫香，春季生出的新叶是柔嫩的黄绿色。

梭果玉蕊↑
Barringtonia fusicarpa

　　梭果玉蕊红褐色的新叶。

大果玉蕊↑
Barringtonia macrocarpa

叶的变化

有哲人曾说过"世界上没有两片完全相同的叶子。"而其实这个星球上存在的叶子种类之多种多样，外形之变化多端，远远超过许多人的想象。

叶的大小

克鲁兹王莲→
Victoria cruziana

长木王莲↓
Victoria 'Longwood Hybrid'

热带雨林温室水池中的王莲原产于南美亚马孙河流域。由于水的浮力支持，它可以长出巨大的叶片，直径可以达到3米以上，所产生的巨大浮力可以托住一个小孩。

海芋↑

Alocasia odora

　　林下阴湿地带随处可见的海芋，可以长出陆生植物中较大的叶片。

绿玉树↑

Euphorbia tirucalli

　　绿玉树又叫光棍树，原产于干旱地区，叶片几乎完全退化，非常细小，且长出后不久就会脱落，远远望去好像没有叶子一般，只依靠绿色的枝条来进行光合作用。

木麒麟

仙人掌科植物

　　仙人掌科植物中，木麒麟等少数种类仍然保留有较为明显的叶片。而将军等另一部分种类的叶片则退化得十分细小，长出后不久就会脱落。至于我们更加熟悉的大部分其他种类仙人掌科植物，它们的叶片已经完全退化消失了。

将军

叶的质地

木芙蓉↑

Hibiscus mutabilis

木芙蓉的叶片布满了细密的茸毛，摸起来毛茸茸的。这些茸毛可以滞留空气中的尘埃，具有不错的环境效益。

荷花↑

Nelumbo nucifera

荷花的叶子表面十分光滑，并有独特的拒水结构，水滴无法浸润。当有水滴落在其上时，会形成浑圆的水珠，在叶面上滚来滚去。

芙蓉菊与银叶菊↓

芙蓉菊与银叶菊的叶片表面被厚厚的银色柔毛所覆盖，让整个植株呈现出一片炫目的银白。这些银毛可以反射强烈的阳光，从而保护叶片不被灼伤。

芙蓉菊

银叶菊

叶的厚薄

碧雷鼓→
Xerosicyos danguyi

　　碧雷鼓的叶片肥厚小巧，光滑圆整，如同一枚枚硬币。

翠云草←
Selaginella uncinata

　　翠云草的枝叶纤细而柔嫩，如同一片片轻柔的云朵。在较弱的光照下生长的植株，叶片会呈现美丽的幽蓝色。但当翠云草在光照较强且干旱的地方生长的时候，就会失去这种幽蓝的色彩，而变成暗淡的暗红色。

　　生石花、肉锥花等沙漠植物具有厚厚的肉质叶片，不仅能够贮存水分以供它们在干旱条件下的生存需要，还可以将自己伪装为无生命的石子，避免食草动物的啃食。

生石花属　　　　　　　　　　　肉锥花属

二型叶现象

　　许多种植物在生命中的不同阶段或植株的不同部位会长出形态截然不同的叶片。

合果芋→
Syngonium podophyllum

　　合果芋的植株在地面上匍匐生长的时候，会长出箭形的叶片，而且这种叶片常常会呈现浅淡的色彩，因此又有"白蝴蝶"的别称。然而它一旦爬上树木或墙壁，叶片就会变成分裂的鸟爪状，颜色也会变得浓绿。

大石龙尾←
Limnophila aquatica

　　大石龙尾有着明显的二型叶现象，水面以下的叶子纤细而分裂。这样的形态可以减少对水的阻力，降低被湍急的水流冲断的风险。

粗叶榕→

Ficus hirta

　　粗叶榕的同一棵植株上也会长出分裂与不分裂的两种叶子。

翻白叶树↓

Pterospermum heterophyllum

　　翻白叶树的幼苗或主干根部长出的萌蘖枝有着手掌状分裂的叶片。而当它长成高大的乔木之后，树枝上的叶片就不会再分裂了。

花之炫色 大自然是最高超的画师

红

1. 凤凰木
2. 灯笼花
3. 洋金凤
4. 赪桐

粉

1. 红花荵木
2. 非洲凌霄
3. 大叶木麒麟
4. 苏里南朱缨花

作为用于传宗接代的生殖器官，花朵往往是一棵植物全身上下最为引人注目的部分。特别是那些需要昆虫、鸟类来作为传粉媒介的花朵们，无不是用尽心思引起动物们的注意，唯恐它们看不到自己，从而吸引它们为自己传播花粉。

黄

1. 金丝桃
2. 黄花蔺
3. 双荚决明
4. 黄槐

绿

1. 伯力木
2. 夜香树
3. 阔裂叶羊蹄甲
4. 葫芦树

蓝紫色

1. 蓝花楹
2. 翠芦莉
3. 天蓝凤眼莲
4. 蓝花藤

玄色

1. 三叶木通
2. 异叶三宝木
3. 龙脷叶
4. 木本马兜铃

白色

1. 首冠藤
2. 白花羊蹄甲
3. 重瓣狗牙花
4. 白花丹

大花鸳鸯茉莉

变色之花

　　大花鸳鸯茉莉的花朵从绽放到盛开之初的颜色是深紫色，两三天之后花冠原来的深紫色会逐步消失，最终变为纯白。由于同一棵植株上会有不同时间开放的许多花朵，先开者已经变白，后开的仍是深紫，于是两种颜色的花齐放枝头，争奇斗艳，故有"鸳鸯"之称。

金银花

灰莉

树头菜

　　金银花、灰莉、台湾鱼木等植物的花朵，则是刚开放时呈现为白色，随着时间的推移，在凋谢前逐渐转变为黄色。

果之诱惑

　　花谢之后结出的果实和其中的种子，代表了种族新的希望。为了将生命的火种播撒出去，许多植物不惜以鲜艳的色彩与丰富的营养来诱惑动物前来取食从而替它们传播种子，或者借助风和水流的力量把它们的后代传播到很远的地方。

构树

　　构树的聚花果成熟后会露出色泽红润、味道香甜的果肉，金龟子、天牛等昆虫和各种鸟儿都很喜欢吃。它们在吃掉果肉的同时，也帮助把种子带到了很远的地方。再加上构树适应性强、生长迅速，所以它在国内从南到北的广大地区都是最为常见的野生树种之一。

昂天莲

　　昂天莲的果实一个个骄傲地高昂着头。

青梅与坡垒

　　青梅与坡垒的果实长着小小的"翅膀"。这"翅膀"是由萼片延长变成的，可以帮助果实从树上落下后乘风旋转着飞出一段距离，增加种子的扩散面积。

苹婆

苹婆的果实成熟后会裂开，露出栗子般硕大的种子，好像一只睁开的眼睛，所以又叫做"凤眼果"。由于它的果熟时间是每年农历七月初七前后，因此又有别名"七姐果"。

大花五桠果

大花五桠果的花瓣凋谢后，外围的花萼会逐渐增大，包裹住正在发育的果实。这些萼片在果实成熟后会变成美丽的红色。

鬼针草

鬼针草的瘦果顶端长有几根冠毛。冠毛上又长有细小的倒刺。这种结构能让果实附着在行人的衣物或动物的毛发上，从而将果实带向远方。

桂叶黄梅

桂叶黄梅的花萼在花谢后并不脱落，还会逐渐转为艳丽的鲜红色。

大花倒地铃

大花倒地铃的果皮轻薄如纸。整个果实如同一只只小灯笼。

文定果

文定果的白花凋谢后会结出如樱桃般鲜艳甜美的果实。

蕾芬

蕾芬的果实好像一颗颗红珊瑚雕琢而成的珠子。

声音 且听穿林打叶声

　　植物虽然通常没有自己独立发声的能力，但它们与外界环境的相互作用也能够营造出别样的听觉效果。漫步在植物园中，静下心来仔细倾听，可以发现不同的树木在风中、雨中发出的声响也是各不相同的。

针叶林

棕榈林

针叶林、棕榈林

　　具有较多纤细或分裂叶片的针叶林、棕榈林，在风中会发出下雨般的"沙沙"声。

香蕉

黑果山姜

姜目植物

　　芭蕉、旅人蕉、蝎尾蕉、山姜等姜目植物，通常有着质地轻薄而富含纤维的宽大叶片。当有雨点在叶面上时，会像鼓槌击打鼓面一样发出清脆的声响，别有一番情趣。

阔叶林

　　有较宽大叶片的阔叶林，由于叶片的相互拍击，会发出如同人鼓掌一般响亮的"哗哗"声。

猪屎豆

　　猪屎豆属植物的果实常常膨大成圆柱形。其中含有的种子在果实成熟后会在果实内部脱落。而这时候的果实并不一定裂开。此时如果摇动它的果序，会听到种子与坚硬的果皮碰撞发出清脆的响声。

竹林

　　枝条细密，叶片扶疏、茎秆柔韧的竹林，除了会发出竹叶相互摩擦产生的"沙沙"声之外，还会产生竹秆相互弯曲、挤压的"吱吱嘎嘎"声。

蒲葵林

　　每年春季，棕榈园中的蒲葵林都会迎来花期。巨大的花序从宽大的叶片间抽出，上面会开出成千上万朵小花。小花们不断开放，又陆续凋谢。无数凋谢的小花持续不断地掉落在叶片上和树下的泥土中，发出如雨水滴落般沙沙的轻响。

穿心莲

　　穿心莲细长的果实在成熟后会自行裂开，同时发出"啪"的一声响亮的爆鸣。在秋末冬初的晴天艳阳下，成片生长的穿心莲丛中就会响起此起彼伏的果实爆裂声，接连不断的"噼噼啪啪"声响清晰可闻。

气味 逐气寻香云水客

　　许多花儿都能够散发出扑鼻的芬芳。这些花的色彩通常都是较为素净淡雅的白色或黄色，在争奇斗艳的群芳之中并不是十分醒目。但它们凭借自己的香气吸引了众多的传粉者，也征服了许多爱花人的心，从而成为园林中的常客。

　　然而，还有另外一些花儿，它们散发的气味就不那么令人愉快了。不过它们开放的目的本来就不是为了取悦人类，而是要吸引苍蝇等其他"逐臭之夫"作为授粉者来为自己传粉。

米兰↑

Aglaia duperreana

　　米兰的花朵如同小米粒般细小，而且即使在开到最盛时也是不怎么打开的，始终保持米粒般细小的外观。

黧蒴锥↑

Castanopsis fissa

　　黧蒴锥在每年的春天都会开出巨大如扫把般的花序，散发出一种类似精液的特殊味道。

九里香↑

Murraya exotica

茉莉↑

Jasminum sambac

白姜花↑

Hedychium coronarium

　　白姜花洁白的花朵如同绿叶间飞舞的蝴蝶，散发出一阵阵沁人心脾的芳香。

金粟兰↑

Chloranthus spicatus

　　金粟兰的花序形如鸡爪，因此又名"鸡爪兰"。

蓝树↓

Wrightia laevis

　　蓝树的花朵会散发出一种类似咸鱼的腥臭味，能够吸引苍蝇等食腐昆虫来为它传播花粉。

风铃木属
Handroanthus

淡红风铃木、紫花风铃木（粉红钟花）、黄花风铃木（黄钟木）、银鳞风铃木等紫葳科风铃木类树种通常不被看作是香花树种，但如果在它们的花期捡起树下的落花仔细闻一闻，会发现它们的花朵也有一种糖浆般的幽幽甜香。只是由于它们的花朵太过于高高在上，地面上的人们很少能够留意到它们的芬芳。

黄花风铃木

淡红风铃木

紫花风铃木

银鳞风铃木

白角珊瑚 白角麒麟

白角珊瑚↑
Orbeopsis caudata

白角珊瑚（美丽水牛角）和白角麒麟有着相似的外表，但其实它们是不同科的植物，亲缘关系相当远。

糖胶树↓
Alstonia scholaris

高大通直、树冠整齐的糖胶树，每年秋季十月前后都会开花，这些花朵在晚间会散发出类似咸鱼与中药混合的清苦气息。在住宅区大量种植的糖胶树甚至能令附近的住户夜不能寐。

大花犀角↑
Stapelia grandiflora

沙漠植物温室中的大花犀角，花朵的形态十分奇特，仿佛巨大的海星。开花时会散发出难闻的恶臭。

除了花朵之外，许多植物的树皮、枝叶或果实也会有自己独特的气味。特别是在樟科、芸香科、桃金娘科、唇形科、菊科等植物家族中，体内含有芳香物质的成员格外多。这些芳香物质能够帮助它们抵御病虫害的侵袭。而对于人类来说，这些芳香植物中的许多种类可以用于制取芳香油，或者用作食品的调味料，能够为我们生活的环境或日常饮食增添迷人的香味。

柠檬桉↑

Eucalyptus citriodora

高大挺拔的柠檬桉，修长的叶片散发着柠檬般的芳香。走在树下就可以闻到沁人心脾的香气。这种具有挥发性的芳香油有杀菌作用，可以被提取出来用于医疗、日用化工等用途。

丁香罗勒↓

Ocimum gratissimum var. *suave*

丁香罗勒的枝叶有一种浓郁的类似丁香花的香气。

樟树↑

Cinnamomum camphora

樟树全身都散发着一股浓郁的樟脑香味，这种香味能够赶走许多家居害虫，所以用樟木制成的木箱、家具、木雕等非常防蛀耐用。樟树的枝叶和木材还可以提炼樟脑和樟油，曾经是重要的工业原料与家用防虫防蛀剂。

众香↓

Pimenta racemosa

来自美洲的众香，枝叶和树皮带有一种桂皮般的浓郁香味，在原产地也被用作调味品。

芸香↑

Ruta graveolens

　　芸香枝叶带有的气味非常特殊，有点像汽油的味道。

碰碰香↓

Plectranthus hadiensis var. *tomentosus*

　　碰碰香毛茸茸的枝叶上带有一种淡淡的清香，如果用手去碰触它，这种气息就会沾在手上。

蒜香藤↑

Mansoa alliacea

　　花朵美丽的蒜香藤，枝叶和花朵都带有一股浓烈的大蒜味道，在大洋彼岸的圭亚那、巴西等原产地也被用作调味品。

柑橘

芸香科

　　柑橘、柚子、柠檬、黄皮等芸香科果树，全身上下都有典型的柑橘香气。

金柑

黄皮

柠檬

味道 百草五味

植物是我们日常所食用各种食品的重要来源。可以说我们能够体验到的味觉享受，很大一部分都是拜多种多样的植物所赐。甜，代表着能够补充能量的可溶性糖，通常来自成熟的果实；酸，代表着有机酸、可能来自未成熟的果实或植物的茎叶；辣则是由辣椒素等刺激性物质引起的，严格来说不是一种味觉，而是一种类似于灼烧的痛觉。尝起来是咸味的植物不太多，主要是一些生长于海滨等盐碱地带的植物。

除了常见食用的主粮、蔬菜、水果之外。大部分植物的枝叶尝起来都是苦涩的。这种苦涩通常是植物体内所含的生物碱所导致。因为这些生物碱往往对人有不同程度的毒性，所以这种苦味对人来说是一种提醒，警示着人们不要轻易品尝这些可能造成危险的植物。

甜叶菊 →

Stevia rebaudiana

甜叶菊的叶片中含有甜菊苷，带有淡淡的甜味。

关节酢浆草 →

Oxalis corymbosa

关节酢浆草等酢浆草属植物的叶片有一种特殊的酸味，许多孩子都会喜欢这种酸酸的味道。它们的这个特征在它们的名字当中也有明显的体现，"酢"就是"醋"的通假字。

玫瑰茄

Hibiscus sabdariffa

玫瑰茄果实外的花萼中含有丰富的有机酸，鲜艳的色泽令人垂涎欲滴。

辣椒

辣椒的果实中含有辣椒素，能让哺乳动物感到强烈的刺激，从而放弃对果实的啃食。但鸟类则不能感受到辣椒素的辣味，许多鸟儿很爱吃辣椒的果实。因为哺乳动物特别是啮齿类的取食往往会破坏辣椒的种子，而鸟类的消化系统能够保持种子完好无损，随着鸟儿的粪便被排泄到其他地方。因此辣椒在漫长的进化过程中形成了以辣椒素拒避哺乳动物，而依靠鸟类传播种子的机制。

木蝴蝶
Oroxylum indicum

木蝴蝶的未成熟果实在云南南部被当作野菜食用，极苦的味道能让第一次吃它的人苦得一哆嗦。

神秘果
Synsepalum dulcificum

原产于西非的神秘果，果实中含有一种特殊的糖蛋白，能够改变人的味觉。将酸味味觉转化为甜味味觉。华南植物园露地引种的神秘果开花结果状况不太稳定，每年10月左右可以见到比较多的果实。

时间节律 万物皆有时

　　许多豆科植物的羽状复叶在白天是挺直平展的，但每当夕阳西下，暮色四合，它们的叶片就会像合十的双手一样向内闭合得严严实实，甚至连叶柄都会下垂，如同人类进入梦乡；第二天朝阳升起的时候又会重新展开，如同从一晚的安眠中苏醒。这种由于光照及温湿度变化而引起的植物周期性运动，叫做"睡眠运动"或"感夜运动"。

　　感夜运动是由于光照改变了细胞膜的透性、影响离子转运而产生的，是植物在长期进化过程中对生长环境的一种适应，可以减少热量的散失和水分的蒸腾，从而保温保湿；另外植物叶片在遭遇风雨等恶劣天气时逐渐合拢，也能够避免柔嫩的叶片受到暴风雨的摧残。

银合欢
Leucaena leucocephala

　　银合欢在能源植物区有栽培，在园内河边等空地已经逸为野生。

含羞草 *Mimosa pudica*

含羞草的叶片除了在晚间和阴雨天气会合拢下垂之外，在受到外界碰触时也会合拢下垂。这种奇特有趣的特性受到许多人的喜爱，把它当作趣味盆栽种植。但其实原产于美洲的它在华南野外也非常常见，甚至在许多地方有造成入侵的趋势。

青皮象耳豆 *Enterolobium contortisiliquum*

中心大草坪旁生长的青皮象耳豆，随着夜幕降临渐渐睡去。

雨树 *Samanea saman*

热带雨林温室中栽培的雨树，在空气潮湿、土壤水分充足的条件下，闭合的叶片会在夜间渗出水珠，第二天早晨叶片张开的时候，水珠会如雨点般纷纷落下。"雨树"之名由此而来。

田菁 →

Sesbania cannabina

　　田菁是园内荒地上常见的杂草，能长到一人多高。

荷花 *Nelumbo nucifera* ←

　　常见荷花品种的花期只有短暂的两天半时间。第一天的花蕾初绽始于凌晨3：00左右，9：00之后达到盛开。正午过后，花朵开始逐渐闭合，到15：00左右就会完全闭合。第二天再次重复第一天的开合过程。第三天凌晨起，这朵花会按照同样的时间再次开放，但正午之后花朵不再闭合，而是开始逐渐凋谢，花瓣一片片掉落，从此走完短暂的生命历程，只留下花心的莲蓬继续发育成熟。

　　许多植物的花朵是不分昼夜全天候开放的。但另一些植物的花朵的开放与闭合却会依照严格的时间节律进行。它们之中最有名的种类无疑是成语"昙花一现"的主角，以花期短暂而闻名的昙花。但实际上，植物世界中还有许多种花儿的开放，比"昙花一现"还要更加短暂难得，引得许多爱花之人"只恐夜深花睡去，故烧高烛照红妆"。

牵牛花
Ipomoea nil

牵牛花，日文名"朝颜"，通常在夏秋凉爽的早晨绽放，而在炎热的中午枯萎凋谢。

使君子↑
Quisqualis indica

使君子的花朵在白天也会照常开放，但只有在晚上才会散发出奶油般的甜香。

南洋楹↓
Falcataria moluccana

南洋楹高耸树冠之上的枝叶是在夜间合拢，白天舒展。但它的花朵却是夜晚开放、白天合拢。它的花朵像一个个小小的绒球。由于树冠通常很高且花序通常高于叶面，如果不仔细观察的话很难注意得到。

昙花

Epiphyllum oxypetalum

"昙花一现"是许多人都耳熟能详的一个成语。的确，这种原产美洲的仙人掌科植物以其美丽芬芳而生命短暂的花朵为人们带来了美的享受。

国内栽培的昙花花后很少结果。

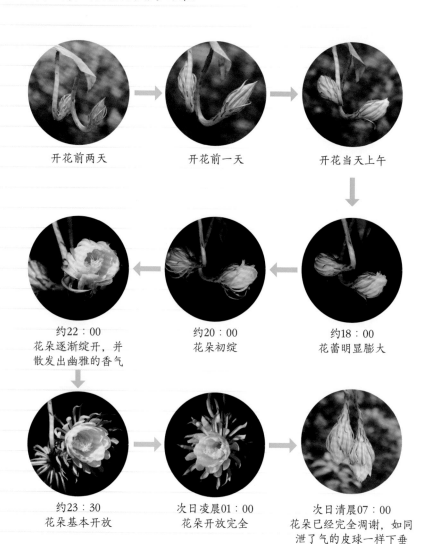

开花前两天

开花前一天

开花当天上午

约22：00
花朵逐渐绽开，并
散发出幽雅的香气

约20：00
花朵初绽

约18：00
花蕾明显膨大

约23：30
花朵基本开放

次日凌晨01：00
花朵开放完全

次日清晨07：00
花朵已经完全凋谢，如同
泄了气的皮球一样下垂

姬月下美人

Epiphyllum hookeri sub *guatemalense*

奇异植物温室中的姬月下美人小叶昙花是昙花的同属近亲，和昙花一样也是在晚间开放，但直到第二天中午前后才会最终闭合。

火龙果

Hylocereus undulatus

火龙果的花朵比昙花更为硕大，但或许是因为太为常见的原因，反而不如昙花受人追捧，甚至经常被两广人民用作煲汤的食材。

夜香树

Cestrum nocturnum

夜香树五裂的花冠好像一颗颗小星星，夜晚放出的香气极其浓郁强烈，有时简直令身在附近的人感到无法忍受。

紫茉莉↓

Mirabilis jalapa

紫茉莉是一种较为常见的夜晚开放的花儿，在傍晚时分家家户户开始做晚饭的时候开放，第二天早晨合拢凋谢。因此它又有了"烧汤花""夜饭花"等别名。

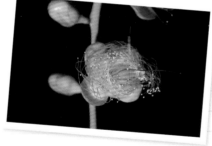

梭果玉蕊↑

Barringtonia fusicarpa

自云南南部引种而来，生长于杜鹃园路旁的梭果玉蕊，在华南植物园通常只在每年的5月中下旬至6月中上旬开花。每朵花只开一晚。花蕾于当晚日落后开裂，花丝逐渐伸展，努力撑开包裹着它们的花瓣，如同节日的焰火般在夜空中绽放，22：30左右开放完全。次日凌晨起，花朵开始逐渐脱落。约05：30日出时大部分花朵均已脱落。约07：00全部花朵脱落。真可谓是"来如春梦不多时，去似朝云无觅处"。

漫长一生的等待

　　在我们身边常见的植物中，有许多是一、二年生植物，从生长到开花结果的整个过程都在几个月的时间内完成。另一部分植物则能够多年生长，每年开花结果，"年年岁岁花相似"。然而还有少部分植物，在数十年甚至百年漫长的一生中只开一次花，在开花结果后就会悄然逝去。但它们能够用它们毕生积累的营养产生大量的后代，延续它们的种族繁盛不衰。

砂糖椰子
Arenga pinnata

　　棕榈园中的砂糖椰子，从小苗到开花的时间可以长达三四十年之久。开花后树干上的花序会自上而下逐年开放。当近树干基部的花序开花结果完毕后，整棵大树就会枯黄凋萎，寿终正寝。

董棕↓

Caryota obtusa

　　棕榈园和兰园中栽培的董棕同样是多年生一次性开花植物。开花时巨大的下垂花序可以长达数米。

龙舌兰↓

Agave angustifolia var. *marginata*

　　龙舌兰属植物从小苗到开花历经的时间可以长达数十年，花序高度通常可以达到植株高度的好几倍，部分种类的花序可以高达五六米。在结出果实的同时，花序上还会生出许许多多的珠芽，每个珠芽掉到地面上都可以发育成一棵新的植株。在所有果实和珠芽都成熟脱落之后，母株的生命也将走向终结。

众园寻芳

棕榈园

碧水环抱之中椰林摇曳、葵影婆娑的棕榈园，是距离华南植物园正门最近的专类园，也是地处南亚热带的华南植物园最具地域代表性的园区之一。这里引种了数百种棕榈科植物，其中的很多种类引自遥远的异国他乡，在国内难得一见。

棕榈科植物通常有着高大而不分枝的树干，羽毛状或手掌状的巨大叶片，以及形态各异的硕大花序；整棵植株亭亭玉立，充满了热带异域风情。但它们中的许多种类喜暖畏寒，即使在地处岭南的广州也无法露地越冬，需要在塑料薄膜温棚的庇护下才能够度过每年 12 月到翌年 3 月这段最寒冷的日子。

大果直叶椰↓
Attalea macrocarpa

大果直叶椰树干高大魁伟。叶片修长飘拂，可长达10米以上，是世界上最长的植物叶片之一。

三药槟榔↓
Areca triandra

原产东南亚的三药槟榔，树干如竹秆般笔直挺拔、青翠欲滴，成熟后的果实红艳可人。经华南植物园多年驯化后可以在广州安全露地越冬，是槟榔属中目前唯一能在广州地区栽培观赏的种类。

霸王棕↑
Bismarckia nobilis

　　霸王棕原产马达加斯加岛，壮硕的银灰色叶片如刀枪剑戟般指向天空，着实霸气。

琼棕↑
Chuniophoenix hainanensis

　　来自海南岛的琼棕，又称陈氏棕，以我国著名植物学家、华南植物园创始人陈焕镛院士的姓氏命名。它的叶片图案也出现在华南植物园的园徽上。果实在成熟的过程中会由绿色逐渐变为引人注目的橙色、红色。

散尾葵↑
Chrysalidocarpus lutescens

　　临水而生的散尾葵，枝干向水面伸展出一道道优美的弧线。

红尾铁苋↑
Acalypha pendula

　　红尾铁苋是棕榈园中时常可见的一种地被植物，毛茸茸的红色花序让它又有了"猫尾红"的别名。

孑遗植物区

　　孑遗植物，是指起源古老，在漫长的地质历史时期中大部分近缘类群都已经灭绝的植物。它们是植物王国中历经沧海桑田幸存至今的"孤儿""活化石"，能够告诉我们许许多多关于遥远过去的秘密。

　　华南植物园的孑遗植物区保育了孑遗植物20多种，以松、杉等裸子植物为主，一株株端庄的大树傲然挺立，恍如鸿蒙初开之时的远古丛林。园中既有南洋杉、贝壳杉等常绿树，也有落羽杉、池杉、金钱松等落叶树。从琪林桥对面的龙洞琪林水榭向西北遥望。一边是四季碧绿的棕榈科植物，椰风葵林一片热带风情；另一边是季相变化明显的落羽杉，春来嫩绿、入夏青葱、秋时棕红、冬日萧瑟，一片温带景象。二者隔水相望，相映成趣。1986年，龙洞琪林被评为"羊城八景"之一，并由此成为华南植物园最具代表性的景点。"龙洞琪林"一词也成为华南植物园的别称。

落羽杉↓
Taxodium distichum

　　落羽杉纤细的叶片整齐地排列在小枝上，春天发芽时一片嫩绿甚是可人。冬季落叶时整条羽毛状的小枝都会脱落，"落羽"之名因此而来。

墨西哥落羽杉↑
Taxodium mucronatum

　　落羽杉的同属"兄弟"墨西哥落羽杉，小枝柔软下垂，树冠仿佛一把大伞。

南方红豆杉

　　南方红豆杉的成熟种子外面包被着一层红色的假种皮，如同一颗颗玲珑剔透的宝珠。它体内含有的紫杉醇及其前体经过人工提取与进一步的化学加工可以成为有效的抗癌药物，但直接服用树枝树皮不仅无效，而且可能会中毒。

鸡毛松 ←

Dacrycarpus imbricatus var. patulus

　　鸡毛松的小枝形态仿佛鸡毛一般，它在海南岛的热带雨林中可以长成挺拔通直的参天巨树。

水松 ↓

Glyptostrobus pensilis

　　水松的树干亭亭玉立，侧枝整齐地向四周伸展，整棵树像是一具美丽的烛台。它的主要原产地是人类活动频繁、经济发达的珠江三角洲、闽江下游等地，原生境已经受到了严重破坏，如今在野外只剩下零星的植株，因此十分珍稀宝贵。

蒲岗自然教育径

　　林木参天的蒲岗自然教育径，是华南植物园中最富有野趣的区域之一。这片面积约 1.5 公顷，海拔 30 多米的低矮丘陵，在历史上是龙眼洞村的"风水林"，受保护的历史可追溯到清朝中叶，当地村规民约曾规定"砍树一株，罚银五两"。蒲岗的植被在抗日战争期间曾经受到严重破坏，在华南植物园建立后则再次受到了良好的保护。

　　在蒲岗林中狭窄的小路上漫步，脚踩着厚厚的落叶，可以体验到这片南亚热带季风常绿阔叶林充满野性的勃勃生机。这片面积不大的林子中生长着高等植物 400 多种，物种多样性远远高于一般的人工林。遮天蔽日的树冠之下，是高低各异、错落有致的灌木与草本，粗壮的藤蔓缠绕穿行在林间，每一缕阳光、每一寸空间都得到了充分的利用。

　　蒲岗的郁郁山林还是南宋时期教育家朱澄（1225—1277）长眠的地方。这位"广东朱氏一世公"是著名学者朱熹的曾孙，也是民族英雄文天祥的老师，病逝于广东盐运使任上后葬于此地。如今这座长满青苔的古墓已经被列为广州市重点保护文物。

龙眼润楠
Machilus oculodracontis
　　以龙眼洞村命名的龙眼润楠。蒲岗就是它的模式产地（为它定名的科学家们最早发现它的地方）。

锡叶藤↑

Tetracera sarmentosa

　　锡叶藤叶片的表面像砂纸一样粗糙，可以用来打磨锡器等器物。

九节↑

Psychotria asiatica

　　九节是一种在广州低山地区十分常见的林下灌木，茎干上有许多明显而突出的节。红色的果实十分引人注目。

络石↑

Trachelospermum jasminoides

　　络石能够依靠它枝条上长出的根系附着在石头或树干上攀爬。芳香洁白的花朵在春夏之交盛开，五片花瓣扭曲成"卐"（同"万"）字形，因此别名"万字茉莉"。

水黄皮
Pongamia pinnata

　　水黄皮有着与黄皮十分相似的枝叶，大串大串的紫色花朵开满枝头。

破布叶↓
Microcos paniculata

　　破布叶的叶片经常被昆虫啃咬得破破烂烂，如同破布一般。它的叶片是盛行于岭南地区的"广东凉茶"的主要成分之一。

凤梨园

　　狭义的"凤梨"指的是我们平常吃的水果菠萝。而广义的"凤梨"则是凤梨科 2000 多种植物的统称。它们中不少种类的叶片具有艳丽的色彩或奇特的斑纹，特别是开花之前叶片和苞片的颜色更是异彩纷呈，是许多园林和花市中的常客。

　　华南植物园凤梨园的前身是建于 1978 年的热带植物展览温室，于 2005 年改建而成。由于许多凤梨科植物在原产地并不生长在土壤之中，而是附生在树木的枝桠之上。因此植物园的工作人员们也模仿这些凤梨的原生状态，将它们捆扎在树枝上，营造出热带雨林"空中花园"般的景观。除凤梨科植物之外，凤梨园中还引种了不少别具特色的饮料、香料植物。

清明花↓
Beaumontia grandiflora

　　清明花虬劲的藤蔓覆盖了旁边树木的树冠，巨大洁白的花朵在每年清明节前后都会应时开放。

楠藤↑
Mussaenda erosa

　　每年春回大地的时候，温室入口处的楠藤都会开出一架耀眼的雪白。

凤梨科植物

许多凤梨科植物的叶片基部会形成积水的"水槽"，可以积存雨水。它们附生的树枝上缺少土壤，水分很容易流失，而"水槽"中积存的雨水可以满足它们的生存需要。但这些一小潭一小潭的死水也成了蚊虫的最佳孳生地，因此凤梨园成为了全园蚊虫密度最高的地方，也是灭蚊工作的重点区域。

菠萝

Ananas comosus

我们平常吃的菠萝，其实并不是"一个"果实，而是由许许多多个肉质小果紧密排列组合而成的聚花果。

银珠↑
Peltophorum tonkinense

　　银珠金灿灿的花朵，在每年的新叶长出之前就会迫不及待地绽放。

黄萼凤梨→
Pitcairnia xanthocalyx

火焰木↓
Spathodea campanulata

　　来自非洲的火焰木，硕大的杯状花朵如同一团团熊熊燃烧的火焰。

药用植物园

　　植物在长达亿万年的进化过程中，逐步获得了合成多种多样的代谢产物的能力。而人类在漫长的历史中也逐渐发现，许多植物体内的代谢产物能够帮助人体抵御病菌、病毒和寄生虫，或者能够调节人体的生理活动。因此自远古以来，草药一直是全世界各民族传统医学中药物的重要组成部分。时至今日，许多现代药物中的有效成分仍然以植物为重要来源。2015年诺贝尔生理学或医学奖得主屠呦呦就是因为从黄花蒿中发现重要的抗疟药物青蒿素而获奖。

　　20世纪70年代初始建的华南植物园药用植物园，先后收集和保育了我国南方药用植物1000多种，是国内药用植物资源最丰富的保育研究基地之一。

依兰
Cananga odorata
　　来自东南亚的依兰，黄绿色的花朵芬芳扑鼻。

黄花倒水莲↑
Polygala fallax

　　黄花倒水莲长长的花序，被其上的朵朵繁花压得弯下了腰。

海南三七↑
Kaempferia rotunda

　　海南三七的叶片上布满了美丽的斑纹，冰清玉洁的花朵在每年春季新叶抽出之前开放。

广东大沙叶→
Pavetta hongkongensis

　　广东大沙叶是岭南地区中药、凉茶中常用的原料。它的叶片表面会长出许多与固氮菌共生所形成的菌瘤，花朵如同一个个洁白的绣球。

海红豆↑
Adenanthera microsperma

　　"红豆生南国，春来发几枝。"海红豆鲜红亮丽的种子是文人墨客千年以来歌颂的爱情信物，可以做成耳环、手链等各种惹人喜爱的装饰品。

桑树↓
Morus alba

　　桑树不仅是人类衣料之源——蚕赖以生存的食物，紫红色的桑葚更是令人馋涎欲滴。

美花石斛↑
Dendrobium loddigesii

　　美花石斛是广州本地有野生的少数石斛属植物之一，花瓣的边缘长着一圈美丽的流苏。

兰园

兰科是植物王国中最大的科之一，家族成员的数量超过 20000 种，其中不少种类都是常见的观赏植物。而常见的观赏兰花又可分为国兰与洋兰两大类。"国兰"指的是兰属的春兰、建兰、蕙兰、墨兰、寒兰等几种兰花，这些种类原产于中国华中、华东、华南、西南等地，生长在地面上，花朵较小而不鲜艳，但通常有着沁人心脾的幽香，含蓄内敛的气质十分符合国人的传统审美。而除国兰之外的其他兰花则被统称为"洋兰"。洋兰主要产于华南、西南以及世界各国的热带、亚热带地区，大部分种类并不长在地面而是附生在树干或石壁上。常见栽培用于观赏的洋兰通常花型较大，色彩丰富且鲜艳，能够给人非凡的视觉享受，如蝴蝶兰属、石斛属、卡特兰属、文心兰属、万代兰属、火焰兰属等的兰花。

一个兰花果实中含有的种子数量，往往是一个天文数字。兰科植物的种子通常细如微尘，不含有萌发所需的营养物质，需要落到适宜的环境中，与真菌共生才能够萌发，发芽率非常低。这种"九死一生""广种薄收"的生存策略，能够在不受人类干扰的生境中生存良好，但无法经受人类的频繁采挖以及对其生存环境的破坏。因此，目前所有的野生兰科植物都已经被列为《濒危野生动植物种国际贸易公约》的管制物种。

华南植物园的兰园是一座建于 1983 年的精巧小园林，浓密的绿阴笼罩之下，地面上、石缝中、墙壁上以及树干上都生长着各种兰花。兰花景观温室与名贵兰展览温室则用于展示一些珍稀少见的品种。品茶轩、莲湖、观景平台、临水木栈、主题景墙等园林小品师法自然，结合"众为德薰"等精巧石刻，烘托出兰花的高雅幽香、超然脱俗。

石斛
Dendrobium nobile

石斛名称中的"石"字意指它在野外通常不长在地面上，而是附生在石壁或树干上。

聚石斛↑

Dendrobium lindleyi

　　聚石斛短小的茎与叶片紧紧地贴着树干着生，花朵如同一串串金色的铃铛。

杓唇石斛↑

Dendrobium moschatum

　　杓唇石斛的唇瓣形状好像一把小巧的勺子。

束花石斛↑

Dendrobium chrysanthum

　　束花石斛是植物园引种的石斛中为数不多的夏秋季开花的种类。

火焰兰↑

Renanthera coccinea

　　火焰兰是一种粗犷强健的藤本兰花，可以依靠气生根爬上高高的大树。5月盛开的鲜红花朵充满了热烈奔放的气质。

麒麟火焰兰→

Renanthera 'Qi Lin'

　　麒麟火焰兰是华南植物园以火焰兰属的豹斑火焰兰与火焰兰两个原生种杂交而培育出的品种。

象牙虎头兰↓

Cymbidium sp.

　　象牙虎头兰，是华南植物园以兰属的虎头兰与象牙白两个原生种杂交而培育出的品种。

纹瓣兰↓

Cymbidium aloifolium

鹤顶兰←

Phaius tancarvilleae

鹤顶兰高挑的花序从叶丛中探出头来，好像四处眺望的仙鹤。

竹叶兰→

Arundina graminifolia

竹叶兰的茎叶与杂草几乎毫无二致，也像杂草一般粗生易长。花形很像卡特兰，颜色艳丽且带有淡淡的清香。

湿唇兰↑

Hygrochilus parishii

依树而生的湿唇兰。

梳帽卷瓣兰↑

Bulbophyllum andersonii

附生在水池边岩石上的梳帽卷瓣兰。

苏铁园

　　苏铁类植物是一类起源非常古老的裸子植物，早在距今约 3 亿年前的古生代就已经出现，在中生代达到鼎盛，与恐龙同时称霸地球，但在之后的漫长岁月中又逐渐灭绝。目前的苏铁家族只剩下大约 300 个成员，堪称植物界的"活化石"。苏铁类植物受雌雄异株、授粉昆虫专一等因素影响，结实率并不高，硕大的种子传播比较困难，发芽率也往往较低。种子发芽后幼苗生长非常缓慢，一般从种子发芽到植株开花需要十几年时间。虽然它们的寿命非常漫长，但还是难以适应人类引起的生存环境剧烈变化与破坏。因此在 1990 年，所有苏铁类植物都被列入《濒危野生动植物种国际贸易公约》附录 II，禁止贸易和野外采集。1999 年，我国将所有国产苏铁都列为国家一级保护野生植物。

　　始建于 20 世纪 70 年代的华南植物园苏铁园，是全国最早的苏铁迁地保护基地，这里引种了 50 多种来自世界各地的苏铁。苏铁园坐落在一片少有大树遮阴、地形略有起伏的开阔地上，这符合大部分苏铁喜爱阳光、耐贫瘠、怕积水的生活习性。主入口处，越南篦齿苏铁高耸于粗犷的花岗岩景石旁。园中到处耸立着铜铸铁打般的粗壮茎干，刚劲粗犷的羽毛状叶片一轮轮着生在茎干的顶部。一条小溪穿过园区流入与兰园交界处的莲湖，溪边矗立着栩栩如生的恐龙雕塑，让人感觉仿佛回到了远古侏罗纪时代。

德保苏铁↓
Cycas debaoensis

　　德保苏铁原产于广西德保县，是濒临灭绝的珍稀植物。它的外形与苏铁属的其他植物有明显的区别，巨大羽叶上的每一支羽片都有繁复的分岔，整棵植株如同一片翠竹般风姿绰约。

刺叶非洲铁↑
Encephalartos ferox

　　原产南非的刺叶非洲铁，开出了橙红色的雌球花。

攀枝花苏铁→

Cycas panzhihuaensis

　　攀枝花苏铁是特产于我国四川、云南金沙江干热河谷的珍贵植物。

叉孢苏铁↑

Cycas segmentifida

　　据说苏铁生性喜欢铁元素，即使是衰败垂死的植株，只要在它的树根附近撒一些铁粉或将铁钉钉入树体，就可让其死而复苏，重现生机，这就是"苏铁"之名的由来。它坚实的茎干可以抵抗火烧，因此它还有一个名字叫做"避火蕉"。北方盆栽的苏铁由于气候原因通常很难开花，甚至有"千年铁树开了花"的说法。但其实在气候适宜的南方地区，成年苏铁植株每年都可以开花。苏铁是雌雄异株的植物，雄花如同一座金色的宝塔耸立在叶丛中央，而雌花则"矮胖"许多，如同一个硕大的绣球。

李叶羊蹄甲↑
Bauhinia didyma

开花时节的李叶羊蹄甲，整棵植株如同被白雪覆盖。形如羊蹄般的小巧叶片从中间深裂为对称的两半。

大花山牵牛↑

大花山牵牛幽蓝色的花朵，一串串悬挂在苏铁园入口处的棚架之上。

虾子花→
Woodfordia fruticosa

虾子花的花朵形状、颜色都如同一只只被烧熟的虾米，花开时节一树鲜红，能够引来叉尾太阳鸟、暗绿绣眼鸟等许多鸟类前来取食。虾子花在世界范围内分布于中国云南、印度与非洲的马达加斯加岛。由于印度板块在遥远的史前曾经与马达加斯加岛连在一起，后来才与马达加斯加岛分离，并经过漫长的漂移与亚欧板块相撞。科学家们推测，虾子花就是由印度板块带到亚洲，并扩散到云南的，它是大陆漂移这一重大地质变迁的见证者。

中心大草坪

中心大草坪北侧是办公楼，附近的区域在建园之初就被规划为大草坪与观赏植物—园林树木区。许多从国外热带地区引进的树种被集中种植在这里，如今这些生长了数十年之久的树木已经蔚然成林，充分展现着它们的成熟之美。开阔平坦的大草坪则是游客们喜爱的休息、野餐场所。办公楼前还有一片名人植树区，国内外政要曾在此种下树木以作留念。

吊瓜树 →
Kigelia africana

自非洲引种而来的吊瓜树，花序颀长下垂，血红色的花朵在夜间开放，形状如瓜的果实可以长到10千克重。

红花天料木↓
Homalium ceylanicum

红花天料木树干通直，亭亭玉立，而且材质优良。而且它还具有很强的再生能力。一般的大树被砍伐过后就会死亡，但红花天料木被砍伐后会从残存的树桩上生出萌蘖枝，这些萌蘖枝最终可以再次长成高大的树干。在红花天料木的原产地海南，许多居民喜欢在房前屋后种植这种树木来提供建筑、家具的用材。

诗琳通含笑 ←

　　诗琳通含笑是以泰国公主诗琳通的名字命名的，华南植物园名人植树区的这棵也是由公主本人亲手种植。它喜欢生长在水分充足的沼泽湿地之中，这一特性在木兰科植物当中非常少见。

蛋黄果 →

Lucuma nervosa

　　蛋黄果全身上下都含有白色的乳汁，小小的白色花朵在春夏之交开放，果实在冬季成熟。果实的形状好像一个个橙黄色的小桃子，黄色的果肉含有非常丰富的淀粉，吃起来好像加了糖的熟蛋黄，微甜而没有什么水分。

桃花心木 ←

Swietenia mahagoni

　　貌不惊人的桃花心木，它的木材是数百年来欧洲人追捧的珍贵用材，在原产地南美洲已经是濒危树种，在中国的栽培也不多。

珊瑚树 →
Viburnum odoratissimum

珊瑚树碧绿的革质叶片能够滞留尘埃、抵抗火烧，规整致密的树冠还能够消减噪声，是良好的生态公益林树种。椭圆形的果实成熟之后会变为红色至黑红色，形似精心雕琢而成的珊瑚珠，故而得名。

云南黄栀子 ←
Gardenia sootepensis

云南黄栀子是常见的香花栀子的近亲，但个头要比栀子高大魁梧许多。宽大的叶片与金灿灿的花朵十分引人注目。

长柄银叶树 ↓
Heritiera angustata

长柄银叶树革质的叶片背面布满了银白色的鳞毛。开花时节粉红色的花朵如同瀑布般从枝条上喷泻而出，密密麻麻，铺天盖地的粉红覆盖了整个枝条，随风轻晃，摇曳多姿。

蕨类与阴生植物园

华南植物园蕨类与阴生植物园建成于 1963 年，在我国同类园区中是最早建成者。园区内大部分面积都笼罩在巨大的乔木树阴与人工搭建的荫棚、花架、长廊之下。潺潺的溪流在小池之间流淌，各种蕨类和喜欢阴暗潮湿的植物就在这种适宜的环境中尽情生长，营造出一派南亚热带沟谷雨林风光。

金毛狗 ↓

Cibotium barometz

金毛狗的根状茎与叶柄基部表面长满了长长的金黄色茸毛，仿佛一只身披金毛的狗儿潜藏在草丛之中。

笔筒树 ↑

Sphaeropteris lepifera

笔筒树的树冠犹如一顶巨大的遮阳伞，直立的树干可以高达10米以上，巨大的叶片从树干上脱落后会在树干上留下美丽的菱形叶痕。树干经过加工后可以做成别致的笔筒。

巢蕨附生↑

Asplenium nidus

　　巢蕨附生于热带雨林的树干之上，丛生的叶片整齐地向四周伸展，像是一个巨大圆整的鸟巢。

珠芽狗脊蕨↑

Woodwardia prolifera

　　珠芽狗脊蕨的叶面上常常会生出许多小珠芽。珠芽可以在母体叶片上萌发，长出小小的幼叶，落地后长成一棵新的植株，所以它还有一个名字叫做"胎生狗脊"。

披针观音坐莲←

Angiopteris caudatiformis

　　披针观音坐莲是蕨类植物当中体型较为硕大的种类。

金钱蒲→

Acorus gramineus

　　金钱蒲喜欢生长在山溪旁边的石头上。纤细的叶片带有幽雅的香气，是古代许多文人雅士的最爱，常常被水培用于案头清供。

生物园

　　生物园的前身是华南植物园的保育苗圃，多年以来这块土地上种植的植物经历过多次轮换。现在在这片狭长而地形开阔的园区里分布着果树区、香草植物区等文化植物展示区，以及许许多多的新优园林植物。樱花、朱顶红迎春绽放，鸡蛋花、锦葵科花卉、爵床科花卉夏秋斗艳，月季花区、野牡丹区则四季花开不断。这片历久弥新的园区，是目前华南植物园赏花和学习植物文化知识的亮点区域。

金铃花→
Abutilon pictum

　　金铃花金色的花瓣上布满了红色的脉纹，下垂的花朵好像一个个迎风摆动的小铃铛。

火轮木←
Stenocarpus sinuatus

　　火轮木火红的花朵排列成奇异的轮状。

冲天槿←

Malvaviscus arboreus var. *drummondii*

冲天槿是垂花悬铃花的同属近亲，它的叶片和花朵与垂花悬铃花相比都更加小巧。花朵朵朵直立，直冲天空。

垂花悬铃花↓

Malvaviscus penduliflorus

垂花悬铃花的花儿一朵朵垂挂在绿叶之间，五片鲜红的花瓣相互套叠包裹成筒状，只在末端展开一个不大的开口，自始至终都保持卷合而不会绽开。纤长的雌蕊和雄蕊略微突出花瓣筒之外。整朵花好像一直在含苞待放却一直都没有开。这种看起来对传粉者十分不友好的姿态，其实正是垂花悬铃花的生存智慧所在。封闭而不张开的花瓣筒，在一定程度上保证了鸟儿、昆虫等传粉者要想接触到花蜜就必须从唯一的开口进入，经过布满花粉的雄蕊，从而沾上花粉。当鸟儿或昆虫落到另一朵花上，身上的花粉沾上这朵花雌蕊顶部分叉而布满黏液的柱头，就完成了授粉的任务。

巴西野牡丹↑

Tibouchina seecandra

　　巴西野牡丹是广州近年来较为常见的观花灌木，紫红色的花朵明艳动人。

角茎野牡丹↑

Tibouchina granulosa

　　角茎野牡丹与巴西野牡丹的外形十分相似，但枝条上带有一条条薄膜状的棱。它可以长成三四层楼高的大树，盛花时的一树繁花美不胜收。

毛叶枣↓

Ziziphus mauritiana

　　毛叶枣是市面上常见的水果，与主产北方的红枣同属不同种。果实可以长到小苹果大小，在还是青色的时候就可以食用了。

逐马蓝↑
Brillantaisia owariensis

美丽决明↑
Senna spectabilis

美序红楼花↑
Odontonema callistachyum

任豆↓
Zenia insignis

姜园

　　1987 年建立的姜园，是华南植物园最具代表性和知名度的核心专类园之一。姜目植物中有许多颜值颇高的观赏植物，还有许多种类可以食用、药用或用作香料、染料……姜园在从春末到仲秋的漫长时间里总是处处繁花，芬芳四溢。春季有豆蔻、山姜竞相吐露芬芳，夏秋有各色蝎尾蕉、美人蕉争艳。色彩鲜艳、形态奇特的花朵掩映在繁盛的绿叶丛中，与浮雕广场、莲影湖、益智亭、展翠楼等园林小品交相辉映。

红蕉 *Musa coccinea*

　　红蕉的苞片火红如炬，花期可以长达半年以上。

鹤望兰 *Strelitzia reginae*

　　鹤望兰的花序形态犹如一只引颈眺望的仙鹤。橙红与深蓝的配色对比强烈十分惹眼。

大鹤望兰 *Strelitzia nicolai*

大鹤望兰雪白的花朵。

旅人蕉

Ravenala madagascariensis.

蝎尾蕉属

　　蝎尾蕉属植物拥有大而艳丽的舟状苞片，以直立或下垂的形式排列成蝎尾状花序，在热带地区广泛用作园林绿化、盆栽、鲜切花。

红箭蝎尾蕉

布尔若蝎尾蕉

蝎尾蕉属

金嘴蝎尾蕉

翠鸟蝎尾蕉

海南山姜↑
Alpinia bainanensis

益智↑
Alpinia oxyphylla

　　"四大南药"之一的益智，开放前的花序顶着一片好像帽子般的尖尖苞片。

砂仁↑
Amomum villosum

　　同是"四大南药"之一的砂仁，白色的花朵开在地表，在枝叶的掩映之下不太引人注意。

桂草蔻↑

Alpinia guilinensis

九翅豆蔻↑

Amomum maximum

　　九翅豆蔻的植株高达两三米，花朵在地面上排成整齐的环形，好像一只只白色的孔雀。

花叶山姜↓

Alpinia pumila

　　花叶山姜的叶片上有着天然生成的美丽纹路。

闭鞘姜↓
Costus speciosus

闭鞘姜的叶片在茎秆上呈螺旋状排列，这样可以尽量减少叶片的相互遮挡，最大程度地利用宝贵的阳光。

红球姜↑
Zingiber zerumbet

红球姜好像松果般的花序，在花朵凋谢之后会变成鲜艳的红色。

千果榄仁↓
Terminalia myriocarpa

姜园上空的遮阴树千果榄仁树姿高大雄伟，在云南、广西等原产地是常见的雨林上层乔木，每到花期满树鲜红的花穗随风飘舞。

双翅舞花姜↑
Globba schomburgkii

紫背竹芋↑
Stromanthe sanguinea

紫花芦竹芋
Marantochloa purpurea

藤本园

　　兴建于 2016 年的藤本园，是目前华南植物园最年轻的园区之一，所引种的植物大部分都是身材颀长柔软，需要攀附在其他物体上才能够立身的藤本植物。其中许多都具有很高的观赏价值。蓬勃生长的藤蔓正在迅速生长，不断覆盖新搭建不久的凉棚与支架。相信在不久的将来就能形成藤条摇曳、绿意葱茏的迷人景观。

東蕊花

黄花老鸦嘴

紫水晶夫人西番莲

尤卡坦西番莲

翅茎西番莲

斑叶西番莲

须弥葛→
Pueraria wallichii

　　须弥葛的名字非常具有禅意。而它的花朵也好像是一座座玉雕的佛像。

山橙←
Melodinus suaveolens

　　山橙叶、花、果的外观都和橙子有些相似。但它是夹竹桃科的有毒植物，并不能食用。

银叶郎德木↑
Rondeletia leucophylla

　　银叶郎德木的叶片背面是银白色的。近年来在广州一些公园绿地有时可以见到它的身影。

连理藤↑
Clytostoma callistegioides

　　连理藤这个名字寄托了人们美好的愿望。

竹园

竹子在中华文化中具有重要的地位，和松、梅并誉为"岁寒三友"，与梅、兰、菊共称为"四君子"，深受国人的喜爱。建于1956年的华南植物园竹园中生长着200多种形态各异的竹子。四季常青的翠竹覆盖了园子的每一个角落，竹叶苍翠婆娑、竹秆潇洒挺拔，可谓是"日照有清阴，月照有清影，风吹有清音，雨来有清韵"。在许多人的印象中，竹子开花就代表着它们的生命即将走向尽头。20世纪80年代，四川省的自然保护区内生长的大片箭竹在开花后面临死亡，所造成的大熊猫"饥荒"牵动了全国人民的心。但实际上，并不是所有竹子在开花结果后都会死亡，这样的竹子只占所有竹子当中的一部分。另一部分竹子在开花结果后地上部分会枯萎，但地下潜藏的竹鞭不会死亡，几年后又会生出竹笋，最终恢复为整片竹林。还有一些竹子甚至可以一边开花，一边继续生长。除此之外，有一少部分种类的竹子，自从人们发现它们以来就没有见到过它们开花，它们主要是依靠分株等无性繁殖方式来传宗接代。

吊丝竹↓
Dendrocalamus minor

吊丝竹的竹秆上披着一层白粉，整根竹秆显得白皙光洁，十分美丽。但这层白粉会因风吹雨打和外物触碰而逐渐脱落，所以经历过几年风雨的老竹秆颜色就会暗淡许多。

歪脚龙竹↑
Dendrocalamus sinicus

歪脚龙竹原产于云南西双版纳，竹秆最基部的竹节形状不规则，因此而得名。它是世界上体型最大的竹子，竹秆高达20多米，直径可达30多厘米，在原产地人们常将竹秆锯断作为水桶来使用。

黄金间碧竹

Bambusa vulgaris

　　黄金间碧竹是龙头竹的变种，竹秆的主色调是鲜明的黄色，中间又镶嵌着绿色的条纹。

大佛肚竹

　　大佛肚竹也是龙头竹的变种，竹节扭曲膨大，如同弥勒佛的大肚子。

花粉麻竹

Dendrocalamus pulverulentus

花巨竹

Gigantochloa verticillata

菲白竹

Pleioblastus fortunei

青丝黄竹

Bambusa eutuldoides var. *viridivittata*

青麻撑一号

Bambusa pervariabilis

　　青麻撑一号是从青皮竹、麻竹和撑篙竹的杂交后代中选育的品种。

泰竹

Thyrsostachys siamensis

　　泰竹的茎秆笔直纤细，紧密地聚生在一起。

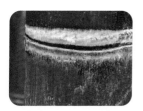

黑毛巨竹

Gigantochloa nigrociliata

　　黑毛巨竹的竹秆是深沉庄重的紫色。

木兰园

　　木兰科是被子植物中最原始的类群之一，具有重要的科研价值。许多木兰科植物具有艳丽芬芳的花朵，是各地园林中的宠儿，还有许多种类是重要的香料植物与材用树种。中国是全世界木兰科植物资源最丰富的国家，拥有全世界一半以上的木兰种类，是名副其实的"木兰王国"。广大的中国南方地区是木兰科植物的现代分布中心及多样性保存中心。

　　华南植物园对木兰科植物的收集始于 20 世纪 50 年代，1981 年开始兴建木兰园。迄今为止园内共保育了大约 200 种木兰，其中不乏珍稀濒危与中国特有种类。每年的 1~5 月是木兰园的最佳观赏期，早春"二乔"争艳，仲春各色木兰吐蕊，暮春初夏含笑芬芳。

观光木 →

Michelia odora

　　观光木是为了纪念我国著名植物学家、我国近代植物学的开拓者——钟观光而命名的。每年晚春时节，象牙黄色的芳香花朵都会开满枝头，繁花似锦，落瓣满地。硕大的果实在秋季成熟，可以长到1千克重。

夜香木兰

山玉兰

木论木兰

大叶木莲←
Manglietia dandyi

焕镛木→
Woonyoungia septentrionalis
　　焕镛木是以我国著名植物
学家、华南植物园创始人陈焕
镛院士的名字命名的。

盖裂木↓
Talauma hodgsonii

石碌含笑　　　　　云南含笑　　　　　雅致含笑

广东含笑↑

Michelia guangdongensis

　　广东含笑的叶片背面布满了厚厚的一层古铜色茸毛，在阳光的照耀之下一片金光闪耀。

含笑↑

　　含笑花会散发出香蕉般浓郁的甜香，所以又有"香蕉花"的别名。

紫花含笑↓

Michelia crassipes

水生植物园

　　自然界中的湿地被誉为"地球之肾"，发挥着重要的生态功能。但由于湿地往往也是人类活动频繁的区域，非常容易受到人为的干扰与破坏，生态系统相对比较脆弱，水生植物种类受威胁的程度往往要比其他环境的种类更为严重，众多濒危水生植物的迁地保护显得尤为重要。

　　建于2008年的华南植物园水生植物园，立足于亚热带和热带湿地植物的保育和利用，充分展示了我国南方湿地植被和景观特征。建园时充分考虑通过配置出高低错落的林冠线、人工岛边际线以及区域周边植物的季相变化、植物的色彩等来营造水生园的景观，使之与周围环境融合成清新自然的湖光山色，达到既能悦目，亦能传情的景观效果。春夏之际，各色睡莲、水生美人蕉和鸢尾竞相开放，是水生植物园的最佳观赏期。

香蒲属↓

Typha

　　香蒲的叶片纤长碧绿，亭亭玉立地挺立在水中。夏秋季抽出的圆柱状花序和果序好像一根根蜡烛。待到深秋果实成熟，便会化为一缕缕飞絮飘散四方。

剑叶梭鱼草↑

Pontederia lanceolata

　　剑叶梭鱼草原产北美，因其密生的叶丛是梭鱼喜欢躲藏的地方而得名。蓝色的花朵可以从初夏一直开到秋天。

纸莎草 →

Cyperus papyrus

　　水边丛生的纸莎草，它的茎秆曾经被古埃及人用作造纸的原料。

芦苇 ↑

Phragmites australis

　　芦苇多生于江河沿岸低湿地，因其迅速扩展的繁殖能力，常形成连片的群落，随风摇曳，给人以无限遐思。芦苇生长迅速，是固堤造陆的先锋植物。

再力花 →

Thalia dealbata

　　再力花的花序上着生着许多紫色小花，在岭南夏秋炙热的空气中绽放着优雅，叶色动人，为池塘与水景园带来淡淡的热带风情。

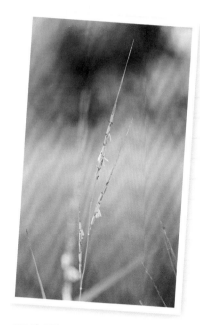

萍蓬草↑
Nuphar pumila

野生稻↑
Oryza rufipogon

  普通野生稻貌不惊人，好像杂草一般生长在水边，纤细的稻穗弱不禁风，上面挂着稀稀落落的几颗稻粒。但它是养活了亿万人的栽培水稻的野生祖先，体内带有的抗病抗虫等优良基因能够帮助栽培水稻抵御不良的生长条件，对水稻育种有着非常重要的意义。

水金英↑
Hydrocleys nymphoides

金银莲花↓
Nymphoides indica

  金银莲花的花瓣洁白无瑕，边缘还有长长的流苏，而花心则是鲜亮的黄色。

澳洲巨花睡莲→
Nymphaea gigantea

澳洲巨花睡莲的蓝紫色花朵硕大无朋，十分梦幻。

圆叶节节菜←
Rotala rotundifolia

每到春天，水边的圆叶节节菜都会开成一片繁密的花毯。它虽然植株纤细，花朵小巧，但能够在水边大片蔓延，形成一道美丽的风景。

水罗兰↓
Hygrophila difformis

粉美人蕉
Canna glauca
　　开花美丽的粉美人蕉是一种可以在陆地上生长，也可以在水中生长的两栖植物。

杜鹃园

　　全世界杜鹃花共有一千多种，而中国就拥有其中的一半以上，堪称"杜鹃王国"。华南植物园引种栽培杜鹃花的历史始于 20 世纪 60 年代。建于 1996 年的杜鹃园收集了 150 多个杜鹃花的原生种与园艺栽培品种。园区内还种植了非洲桃花心木等乔木，用以遮阴并营造葱郁的景观效果。每到春夏花开季节，山坡上、丛林中开满了花色各异的杜鹃花，艳如彩霞，红花胜火，白色如雪，点缀出无限春色。

于春夏绽放的各种杜鹃花

金莲木↑

Ochna integerrima

　　金莲木金灿灿的花朵如同朵朵金莲，在叶片生出之前就已经早早开放。

乐昌含笑↑

Michelia chapensis

　　乐昌含笑树干通直，树形匀称。浅黄色的花朵隐没在绿叶之间。

醉香含笑→

Michelia macclurei

　　醉香含笑的叶片背面闪着金黄色的光芒。

肖蒲桃

Syzygium acuminatissimum

　　肖蒲桃的累累硕果，把树枝都压得弯下了腰。

山茶园

　　建于 1996 年的山茶园引种了品种繁多的山茶属观赏植物。高大的木荷、南洋楹投下浓阴，庇护着其下不耐暴晒的茶花生长。每年 11 月至翌年 5 月，各种茶花次第绽放，异彩纷呈，美丽多姿。园区内还引种了许多岭南地区的乡土植物，营造出山花烂漫的郊野景观。

南山茶树←
Camellia semiserrata

　　南山茶树高可达10米以上，枝繁叶茂，花红似火，花蕊金黄色，果实硕大，树姿丰满，优雅端庄。尤其在隆冬季节，它昂首挺拔，笑傲风霜，绿叶丛中隐现出朵朵低垂的红花，尤似深闺淑女，风姿绰约，含情脉脉，惹人喜爱。除了颜值很高之外，它还是高产优质的木本油料树种，有较高的经济价值。

越南抱茎茶→
Camellia amplexicaulis

　　越南抱茎茶的叶片形状十分别致，基部向下延伸"抱"住枝条。它的观花期在茶花之中堪称是最长的。从每年9月开始，越南抱茎茶的枝头就开始显现出手指头般大的花蕾，如同一颗颗红色的玛瑙镶嵌在绿莹莹的翡翠上。直到第二年的2月，红艳的花瓣方才次第开放，绽放出金黄色的花蕊，花期一直可延长到4月。

金花茶↑

Camellia petelotii

金花茶花金黄色，耀眼夺目，娇艳多姿，秀丽雅致，是茶花家族中少有的具有金黄色花瓣的种类，在茶花育种和园艺上具有极高的科研价值和观赏价值，有"茶族皇后"之美誉。

红皮糙果茶↑

Camellia crapnelliana

红皮糙果茶光洁的红色树皮最为引人注目。秋冬盛开的花朵洁白硕大，花的中央有无数黄色的雄蕊。花谢后会结出小甜瓜大小的硕大果实，果皮的表面十分坚硬。它的种子含有丰富的油脂，是重要的观赏植物和油料植物。

桃金娘↓

Rhodomyrtus tomentosa

桃金娘是岭南郊野十分常见的野生灌木，盛开的粉红色花朵娇艳可人。花谢后会结出小坛子般的紫色果实，味道香甜。如果有谁吃了它，嘴唇和牙齿就会被富含花青素的果汁染成紫色。

木荷 →
Schima superba
　　木荷的如雪白花，盛放于每年的春夏之交。

轮叶蒲桃 ←
Syzygium grijsii
　　轮叶蒲桃，因为叶子常常成三片轮生在枝条上而得名。

大叶藤黄
Garcinia xanthochymus
　　大叶藤黄巨大的叶片在枝头上成双成对地着生。黄色的球形果实有一个小小的尖端，十分怪异地歪向一侧，因此又有"歪歪果"的别名。

石斑木↑

Rhaphiolepis indica

石斑木也是广东山野中常见的灌木。每年春季绽放簇簇白花。

花榈木↑

Ormosia henryi

花榈木是珍贵的用材树种。作为红豆属的一员，它的种子也是亮眼的红色。

扭肚藤↑

Jasminum elongatum

八宝树↑

Duabanga grandiflora

八宝树的枝条如巨龙般在空中摇摆。树下掉落的巨大花托瓣开后有一种八宝饭的气味。

澳洲植物园

　　华南植物园的澳洲植物园，是我国第一个收集种植澳大利亚特有植物的专类园，于 2006 年在原有的桉树种质资源保育区基础上改建而成，由澳大利亚植物学家 Ben Wallace 和园林设计师 Jeoffery 共同设计。园中的许多景观都体现了鲜明的澳大利亚自然与文化特色，如雕刻有南天最著名星座图案的南十字星喷泉、体现澳大利亚土著人传统武器——回飞镖外形的波浪草坪、澳洲原住民风格的小屋、原住民举行成人仪式的场所"成人仪式环"等等。

　　澳洲植物园中还有一座别具特色的岩石园。这片坐落在缓坡之上的园区内堆满了大大小小的石块。石块的堆放、排列模拟澳大利亚裸露岩石的自然景观，在岩石的缝隙之间生长着许多适应石壁、岩缝环境的植物。暗红的石块与浓浓的绿色相得益彰，如同经历地质剧变的乱石中生出新绿，展现着沧海桑田的变迁与生命的不屈强大。

　　澳大利亚大陆孕育了一万多种独具特色的植物，其中四分之三都是澳大利亚特有。华南植物园的"澳洲"植物园引种了其中的百余种，让人得以一窥这块神秘大陆的独特自然魅力。

澳洲米花↓
Ozothamnus diosmifolius

　　澳洲米花原产澳大利亚的干旱地带，短小纤细的叶片紧密地排列在枝条上。它的花蕾小巧洁白，如同一颗颗米粒。

金蒲桃↑
Xanthostemon chrysanthus

　　金蒲桃的枝叶也像桃金娘科的许多其他植物一样有浓浓的香气。金色花朵的花瓣已经退化，只剩下圆形的萼片和花蕊，纤长的金色花丝如礼花般耀眼夺目。

巴氏星刷树↑

Asteromyrtus brassii

　　巴氏星刷树的花形颇为怪异，像一只只海葵着生在老干上。

澳洲坚果↑

Macadamia integrifolia

　　澳洲坚果又叫夏威夷果，它的果实是市场上经常见到的坚果。

桉树↓

Eucalyptus

　　澳洲植物园的上空为高大桉树的树冠所笼罩。这些生长迅速、枝叶带有香味的巨大乔木是澳大利亚最有代表性的特色树种。

黄花香荫树↑

Hymenosporum flavum

高大矛花 →

Doryanthes excelsa

　　高大矛花的花序如长矛一般笔直耸立。赤红纤长的花瓣好像熊熊烈焰在空中飞舞。

阔叶银桦

白炽锦葵

粗栀子

双色野鸢尾

摩瑞大泽米

黄金串钱柳

珍珠金合欢

能源植物园

　　科技、社会的不断发展和人类生活水平的迅速提高，导致了能源消耗的迅速增长，因此能源危机将是人类面临的巨大挑战。而加强生物质能源的研究与开发将是解决这一危机的有效手段之一。华南植物园的能源植物园建于 2006 年，旨在收集具有发展生物质能源前景的植物种类。园内收集了各类能源植物 300 余种，主要分为油料植物、薪炭林和农作物三大类。

台湾相思 ←

Acacia confusa

　　台湾相思是良好的薪炭林植物。成年植株的叶片已经完全退化，消失不见。枝头上一片片形态如同叶子一样的器官其实是它特化的叶柄，能够代替叶子的功能。

椭圆叶木蓝 ↓

Indigofera cassioides

　　每到新年刚过，大地春回之时，椭圆叶木蓝粉红的花朵都会开满能源植物园的山坡。

铁力木↓
Mesua ferrea

铁力木种子含油量高，是良好的工业油料；木材坚硬强韧，抗腐抗蛀，是高价值的特种工业用材。

麻疯树↑
Jatropha curcas

麻疯树的种子含油量在60%以上，可加工转化为汽油、柴油，因此被称为"柴油树"。

东京油楠↓
Sindora tonkinensis

东京油楠树干木质部含丰富的淡棕色可燃性油质液体，气味清香，可燃性能与柴油相似。

铁刀木

长梗三宝木

凤目娈

白雪木　　　　　剑叶三宝木　　　　　斑茅

木本花卉区

　　1989年规划建设的木本花卉区，汇集了城市园林建设的各种生态景观模式，包括城市生态林区、国花市花区、城市住宅小区植物区、城市行道树与道路绿化区、岭南郊野山花区、民俗与家居植物配置区等类型分区。各类景观区域师法自然，回归自然，亲近绿色，营造出优美自然的园林景观，为未来华南城市园林景观建设的物种配置提供范例。

五桠果

朱缨花

羊蹄甲

红桑

大果油麻藤↑

Mucuna macrocarpa

　　大果油麻藤是禾雀花的同属亲戚，花色是华贵的深紫色。

石海椒↑

Reinwardtia indica

　　石海椒鲜黄色的花朵乍一看和迎春花有些相似。但如果仔细观察，就会发现它的花朵有5片花瓣，而迎春花通常有六片花瓣。它的叶子也是单叶，不像迎春花一样是3片小叶长在一起的复叶。

东方紫金牛↑

Ardisia elliptica

　　东方紫金牛的果实鲜艳可人。

光耀藤→

Vernonia elliptica

　　光耀藤是菊科中为数不多的藤本植物之一。下垂的细长藤蔓好似碧玉珠帘。

经济植物区

建于 1959 年的经济植物区，收集了包括芳香植物、油料植物、染料植物、纤维植物等众多具有经济价值的植物 200 多种，展示了人类改造利用野生植物资源的成就。

号角树 →

Cecropia peltata

号角树的树干中间是空心的，在原产地美洲，当地人用它的树干来制作号角。它还有一个别名叫做"蚁栖树"，因为它在原产地是与当地的一些蚂蚁共生的。号角树以其中空的树干为蚂蚁提供良好的筑巢场所，还会从叶柄基部分泌出富含营养的小颗粒"投喂"蚂蚁。而蚂蚁可以为树木提供保护，赶走对树木造成危害的害虫与食草动物。蚂蚁的遗体、排泄物和食物残渣还可以为树木提供营养。

锡兰杜英 ←

Elaeocarpus serratus

锡兰杜英原产印度和斯里兰卡（"锡兰"就是斯里兰卡的旧称）。橄榄状的果实也像橄榄一样可以腌渍后食用。老叶在掉落之前会变成美丽的红色，如同枝头红花绽放。

变叶木

Codiaeum variegatum

　　变叶木的色彩极其丰富，叶形也是变化多端。

银钩花↑

Mitrephora tomentosa

长叶马府油树↑

Madhuca longifolia

栗豆树↓

Castanospermum australe
　　栗豆树的花朵如团团火焰在枝头燃烧。

大叶桃花心木
Swietenia macrophylla

光瓜栗→
Pachira glabra

　　光瓜栗就是花市上常见的盆栽植物"发财树"。其实它可以长成三四层楼高的小乔木。果实厚厚的硬质外壳里包裹着富含油脂、营养丰富的种子。

油山竹←
Garcinia tonkinensis

　　油山竹的枝头挂满了累累硕果。

世界植物奇观——温室群景区

华南植物园温室群景区占地 75000 平方米，是亚洲乃至世界规模最大的植物景观温室群之一。从空中俯瞰，热带雨林室、高山极地温室、沙漠植物温室、奇异植物室四座晶莹剔透的玻璃房形如四朵水晶雕琢而成的木棉花，坐落在山环水抱之中，与室外稀树草原景观遥相呼应。这四座规模宏大的温室，主要用于引种在广州的自然气候与土壤条件下难以生长良好的珍奇植物。其功能集植物迁地保护、科学研究、科普旅游于一体，向公众充分展示了植物世界的神秘与梦幻。

热带雨林温室

油棕 →

Elaeis gunieensis

油棕有着巨大的花穗。它的果实是食品工业上常用的"棕榈油"的来源。

橡胶树 ←

Hevea brasiliensis

橡胶树体内的乳汁含有重要的工业原料——天然橡胶，哺育了人类的现代工业。

星点木 →

Dracaena surculosa

　　星点木的叶片上布满了油滴般的斑点。

调料九里香 ←

Murraya koenigii

　　调料九里香（咖喱树）的枝叶带有浓郁而独特的香气，可以用于制作调味料。但"咖喱"一词其实是一大类不同配方调料的总称，我们常吃的咖喱大多是以姜黄为主要原料配合其他原料制成的。

胡椒 ↑

Piper nigrum

　　胡椒的果实是常用的调味料。

腰果 ↑

Anacardium occidentale

彩叶山漆茎↑
Breynia nivosa 'Roseo Picta'

网纹草↓
Fittonia albivenis
　网纹草的网状叶脉呈现出红、粉、白等各种鲜艳的颜色。

大粒咖啡↑
Coffea liberica
　大粒咖啡是一种种植较少的咖啡种类，树干高大，叶片厚实宽阔。

可乐果↑
Cola acuminata
　可乐果的果实中含有能够使人兴奋的咖啡因。可口可乐的英文名就是由古柯树和可乐果两种饮料原料植物的名字组成的。

海桑↑
Sonneratia caseolaris

乌干达赪桐↑
Rotheca myricoides
　　乌干达赪桐又叫蓝蝴蝶，它的花朵好像一只只蓝色的蝴蝶。

紫花苞舌兰↑
Spathoglottis plicata

蜡烛果↓
Aegiceras corniculatum
　　蜡烛果与海桑都是华南海滨常见的红树林植物。

无瓣海桑↑
Sonneratia apetala
　　无瓣海桑原产南亚，是一种生长非常迅速的红树林植物，在我国东南沿海被广泛用于海岸防护林的营造。

舞草↑

Codoriocalyx motorius

　　舞草的每片复叶上有3片小叶，其中对生的2片小叶在一定的环境条件下能够缓缓转动，好像在翩翩起舞。适宜的温度、阳光与声波都会促使小叶的舞动。

老鼠簕↑

Acanthus ilicifolius Sp.

　　老鼠簕是我国东南沿海红树林中常见的灌木，叶片革质油绿并带有尖刺，但蓝紫色的花朵却十分可人。

'蕾丝'假连翘

白鹭莞

大花木曼陀罗

喜荫花

鹧鸪麻

高山极地温室

珙桐←

Davidia involucrata

珙桐是中国特产的珍稀孑遗植物，开花时洁白的苞片好像栖息在枝头的白鸽。2017年4月，华南植物园高山极地温室中的珙桐在引种9年之后终于绽开了它娇美的容颜。

松红梅↑

Leptospermum scoparium

松红梅叶片似松，花朵如梅，开得十分勤快。

大叶马蹄香↑

Asarum maximum

大叶马蹄香的花朵配色黑白相间，因此又有"熊猫细辛"的别称。

红萼苘麻↑

Abutilon megapotamicum

红萼苘麻的花朵好像一个个小巧的灯笼悬挂在枝叶间。

顶果凤仙花

黄水枝

刺叶高山栎

华丽芒毛苣苔→
Aeschynanthus superbus

华丽芒毛苣苔花朵红艳，姿容华丽。

西域青荚叶↑
Helwingia himalaica

西域青荚叶的花朵从叶片中央长出。这是因为它的花梗和叶片中脉合生在一起。"叶上开花"的奇特现象有利于花朵被昆虫发现，从而得到传粉。

虎耳草↓
Saxifraga stolonifera

虎耳草的植株会生出纤细的走茎，从走茎上又长出许多长着圆圆叶子的小苗，因此又叫做"金线吊芙蓉"。花朵的五片花瓣两大三小，十分奇特。

千叶吊兰↓
Muehlenbeckia complexa

沙漠植物温室

仙女之舞→

Kalanchoe beharensis

　　仙女之舞有着高挑的身形，有着波浪形边缘的叶片有如跳舞仙女的裙摆。

紫章↑

Senecio crassissimus

巨鹫玉↑

Ferocactus peninsulae

　　巨鹫全身长满了如同猛禽利喙般强健而弯曲的硬刺。

金琥←

Echinocactus grusonii

　　金琥是常见仙人掌科植物中体型较大的种类。硕大的碧绿球体上生出无数金黄的硬刺，映得整棵植株一片金碧辉煌。

毒腺蔓↑
Adenia venenata

玉吊钟↑
Kalanchoe fedtschenkoi

虎刺梅↑
Euphorbia milii var. *splendensi*

虎刺梅多彩的花朵煞是可爱，但枝干上生满的尖刺又令人望而生畏。

胭脂掌←
Opuntia cochenillifera

胭脂掌可以长成高达数米的树状，肥厚的片状茎上点缀着许多鲜红的花朵与果实。

沙漠玫瑰→
Adenium obesum

来自东非沙漠的沙漠玫瑰，茎干基部膨大如久经沧桑的古树。这种基部膨大的特征只有由种子种出的植株才会具有，扦插成活的植株是很难有的。因此在花卉市场上，由种子种出的植株通常比扦插成活的植株更为昂贵。

佛肚树↑

Jatropha podagrica

　　佛肚树的树干基部膨大，好像弥勒佛的肚子。

银角珊瑚↑

Euphorbia stenoclada

　　银角珊瑚的枝条光秃无叶，好像银色的鹿角。

龟纹木棉→

Bombax ellipticum

　　白花龟纹木棉膨大的块茎上有龟背般的裂纹，好似一只乌龟卧在沙地之中。

奇异植物温室

蜂出巢↑
Hoya multiflora

　　蜂出巢的花瓣开放后向后反折，副花冠的基部也生有角状长距，整朵花好像一支带着倒钩的箭头，密集着生在一起的许多花朵好似万箭齐发。

荧光瓷玫瑰↑
Etlingera hemisphaerica

　　高大茂盛的紫茴砂叶片背面是美丽的紫色。花朵鲜红华丽，富丽堂皇，如同熊熊燃烧的火炬。

紫背天鹅绒竹芋↑
Calathea warscewiczii

　　紫背天鹅绒竹芋的叶片虽然是光滑的，看上去却有着天鹅绒般的奇特质感。

翡翠葛↑
Strongylodon macrobotrys

　　原产菲律宾的翡翠葛，每年春天都会开出绿松石色的花朵。其玲珑的形态、奇异的色彩引得游人纷至沓来。

粗点黄扇鸢尾←
Trimezia Steyermarkii

　　粗点黄扇鸢尾绿色的叶片在短短的茎上排列成扇形，黄色的花朵每朵只能开放一天。花谢后在花茎上会长出小苗。逐渐长大的小苗会将花茎压弯下垂到地面上，小苗着地后就会发根长成一棵新的植株，因此它的英文名是Yellow Walking Iris，意即"走路的黄鸢尾"。

变叶珊瑚花↑
Jatropha integerrima

风铃辣椒↑
Capsicum baccatum

　　风铃辣椒的果实膨大成奇特的风铃形状。

炮弹树↑
Couroupita guianensis

　　炮弹树的花朵形态十分奇特，聚生的雄蕊好像一把毛刷。

嫣红蔓↓
Hypoestes phyllostachya

　　嫣红蔓的叶片上布满了如油漆洒落般的艳丽斑点。

无冠倒吊笔↑

Wrightia religiosa

　　无冠倒吊笔枝条纤细致密，花朵清秀芳香，是东南亚盆景中常用的树种。

西印度醋栗↑

Phyllanthus acidus

　　西印度醋栗的果实一串串挂在枝头上，令人馋涎欲滴。

红花西番莲↑

Passiflora miniata

小依兰↑

Cananga odorata var. *Fruticosa*

　　依兰的变种小依兰，低矮的身型比原种要平易近人很多。

马来蒲桃←

Syzygium malaccense

　　马来蒲桃的花朵美丽娇艳，果实也十分美味。

美叶胡椒←

Piper ornatum

美叶胡椒是食用
调味品胡椒的同属近
亲。叶面上遍布独特
的斑纹。

温室群景区外围

千头木麻黄→

Casuarina nana

千头木麻黄是木麻黄的园艺栽
培品种，下垂的绿色枝条好像飘逸
的长发，整棵植株像一个毛茸茸的
大绿球。

鬣刺↑

Spinifex littoreus

鬣刺的叶片坚硬纤细，能够适
应海滨沙地的干旱。果序如同一个
个刺球，能够在沙滩上滚来滚去。

瓶树→

Brachychiton rupestris

瓶树像瓶子一样膨大的树干可
以贮存许多水分，在原产地澳大利
亚的沙漠中用来度过旱季。

马利筋↑
Asclepias curassavica

马利筋红色的花瓣托举着金黄色的副萼，好像一朵红莲上又开出了一朵金桂。因此它又有一个十分好听的名字"莲生桂子"。

长筒金杯藤↑
Solandra longiflora

长筒金杯藤的花朵好像一只只硕大的高脚杯。

百香果↑
Passiflora edulis

百香果不仅果实是香味诱人的特色水果，花朵也非常具有观赏性。

竹节树↑
Carallia brachiata

竹节树的茎节如同竹节般凸起。

红花玉芙蓉↑
Leucophyllum frutescens

红花玉芙蓉枝叶如玉，花朵嫣红。

红花檵木↑
Loropetalum chinense var. *rubrum*

郎德木↑
Rondeletia odorata

荷花玉兰←
Magnolia grandiflora

　　荷花玉兰的叶片四季常青，光彩照人。花朵如同水中白莲般硕大无瑕。

广东紫薇→
Lagerstroemia fordii

后记 *Postscript*

观察植物的工具

通过以下途径对观察对象进行观察，收获更加丰富的认知。

一、通过"视、听、嗅、味、触"五感来全面感知自然万物。发动强大的大脑多发问，多提科学问题。

二、可增加放大镜、镊子、收集盒、夜灯、指南针、卷尺等工具辅助观察。

三、增加笔记本、标本夹、封口袋、植物图鉴、手机App、相机、植物书籍等工具辅助观察。

例如，植物图鉴，植物书籍，"形色""腾讯识花君""花伴侣"等手机APP可以帮助读者了解植物的名称，拓展植物生长、繁殖、分布范围等知识。

四、将收集的植物凋落物制作成植物标本、压花作品等进行长期保存与观察。

五、将观察记录绘制成自然笔记，增强记忆，增加自然观察的趣味性。

六、设计有趣的自然游戏，让自然观察更加有趣。

例如，植物拓印、叶脉书签制作、植物扎染等。

观察植物的角度

一、观察植物的各个部位

先远观植物整体植株的形状、植株高度、枝叶浓密、树冠大小、长势情况等，再按一定的顺序，从根、茎、枝、叶、花、果等每个部位进行观察。每个部位都可以进行更加详细的观察，例如可以对花朵进行解剖，观察花的内部结构。可以对果实进行解剖，观察果实的内部结构。

二、观察植物不同时期的状态

条件允许的情况下，推荐对植物的生长过程进行长期的观察。因为植物在发芽、成长、开花、结果、衰亡各个时期的形态是不相同的。

三、观察相似植物

自然界中的植物种类繁多、千姿百态，有些植物的叶片形态相似、叶缘相似、花相似、树皮相似、果实相似……通过比较，可以帮助读者更好地对植物进行辨别。

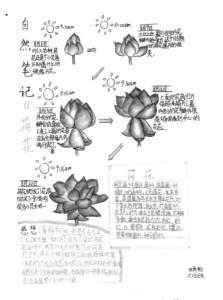

朱一可　深圳明德实验学校（集团）绘

田原畅　深圳明德实验学校（集团）绘

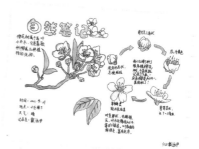

戴涵伊　深圳明德实验学校（集团）绘

四、观察植物的生存环境

观察植物生长的环境，例如土质的不同、光照的不同、所需水分的多少等。根据植物生长环境不同，可以分为旱生植物、水生植物、浮游植物、沼生植物、湿生植物、阳生植物、阴生植物、沙生植物等多种类型。

观察植物与动物的联系

在自然界中，植物与动物之间，有时是"你死我活"的斗争，例如，动物以吃植物为生。为了抵御动物的攻击，有的植物生长着锐利的刺或毛，有的溢放出怪味、臭味甚至有毒物质。

植物与动物之间有时是一种互惠互利的"友谊"关系，例如，鸟类给植物传播种子、蜜蜂等昆虫给花朵传粉。植物和动物之间还可能存在竞争关系、寄生关系、共栖关系等。

观察植物的时间

一、春夏秋冬不同季节观察植物

在四季变幻中，有些植物随四季变化明显，有些植物变化不明显。读者

李梓琰　深圳明德实验学校（集团）绘

陈轩翰　深圳明德实验学校（集团）绘

赵兰慧　深圳明德实验学校（集团）绘

可以长时间跟踪观察。

二、同一天不同时间观察植物

在一天中的不同时间，有些植物也可能出现明显变化。例如深圳常见的鸳鸯茉莉，开着开着颜色就变浅了。又例如木芙蓉的花，在一天中不同时间的颜色可能有令人惊讶的颜色变化。

观察植物的地点

一、相同城市不同场域的植物

自然观察可以发生在任何有植物生长的地方。例如在植物园中、在公园绿地、在水池中、在行道树上、在街道拐角、在学校校园、在溪流河边、在农田菜园、在郊野步道、在家中阳台、在老房子的屋顶上……

二、南北不同地区的植物

自然观察也发生在不同的地区。同一种植物在南方生长和在北方生长，在东部城市生长和在西部城市生长，都可能呈现差别很大的形态变化、花期变化、果期变化等。